万川
reflections

一
步
万
里
阔

GEORGE D. MORGAN

火箭时代

ROCKET AGE

THE RACE TO THE MOON
AND WHAT IT TOOK TO GET THERE

人 类 登 月 的 故 事

[美]乔治·摩根——著　晋一宁　张硕——译

中国工人出版社

谨以此书献给我的父母

G.理查德·摩根

玛丽·谢尔曼·摩根

以及无人知晓的伟大的火箭科学家们

登月先驱

沃纳・冯・布劳恩
现代火箭之父

罗伯特・哈金斯・戈达德
液体燃料火箭发明者

迪特・胡策尔
航空航天工程师，冯・布劳恩密友

克里斯・克拉夫特
美国国家航空航天局
任务控制中心创始人

吉恩・克兰兹
美国国家航空航天局工程师，
"阿波罗 11 号"飞行控制员

尼尔・阿姆斯特朗
登月第一人，"阿波罗 11 号"任务指挥官

巴兹・奥尔德林
美国宇航员，"阿波罗 11 号"登月舱驾驶员

迈克尔・柯林斯
美国宇航员，"阿波罗 11 号"指挥舱驾驶员

谢尔盖・科罗廖夫
苏联宇航事业"总设计师"

尤里・加加林
进入太空第一人，苏联宇航员

目　录

3

1 到达极高空的方法

昨日的梦想就是今日的希望，以及明日的现实。

——罗伯特·哈金斯·戈达德

1899 年 10 月 18 日，一个 17 岁的男孩爬上了家里谷仓后的一棵大树，并经历了顿悟，就是这个简单领悟的片刻，将改变整个世界。这个男孩的名字叫罗伯特·哈金斯·戈达德（Robert Hutchings Goddard），当他抬头看向马萨诸塞州伍斯特的湛蓝天空时，突然对一个人如何才能飞到比云朵、月亮还高的高度产生了浓厚的兴趣。后来，他这样描述这段经历："这天，我爬上了谷仓后面一棵高大的樱桃树……当我望向东边的田地，我想如果能制作一个可以飞上火星的设备，那就太棒了，不知从那么高往下看，地球将是多么小。从树上爬下来的我已经是另外一个男孩了，我的人生终于有了目标。"[1]

其实在那天之前，戈达德已经对科学产生了一定的兴趣。这种兴趣部分是从他父亲那里继承的，还有一部分是由某些生活经历激发的，例如当他们家接上电线的时候，只需要轻轻一按开关，就会亮起人造光源。但那段爬树的经历有点非比寻常。爬树事件的影

1

响如此之大，戈达德在他的余生里，一直悄悄地将 10 月 18 日作为他的"开悟纪念日"来庆祝。"离开地球"这个新的关注点，将对他的科学兴趣造成些许改变，使他更靠近科技、工程和物理。不幸的是，他的正规教育因为一系列的童年疾病而延期了，但是在1908 年，他还是从伍斯特理工学院毕业了，并作为班级代表在毕业典礼上致辞。毕业不久，他短暂地与一名门当户对的年轻女子订过婚，她也是她们班的致辞代表。接下来的一年中，戈达德开始了他在克拉克大学的研究生学习。

在克拉克大学学习了一年后，戈达德开始审视制造液体推进火箭的可能性。固体燃料火箭有几个重大缺陷，甚至在燃烧时无法调控速度。一旦点火，固体推进火箭的推力和燃烧率基本保持不变。为了适应长距离、高海拔飞行和控制火箭轨迹，火箭发动机的节流将非常必要。戈达德对此进行了理论推导，他开始在纸上计算制造这样的火箭需要什么。

尽管戈达德最终被视为液体燃料火箭的发明者，但事实上，他不过是对 30 年前的火箭理论进行了重塑与提升。这一理论由 19 世纪的俄国科学家康斯坦丁·齐奥尔科夫斯基（Konstantin Tsiolkovsky）提出。但是当时的俄国对这一领域不感兴趣，齐奥尔科夫斯基的工作因此被埋藏，不为世人所知。但正是他第一次提出了可支持现代液体燃料火箭的设计理论。他畅想了一种多级设备，可以装载罐装的液态氧和液态氢，上层有空间可以载人和控制火箭。他也是首次算出人造卫星第一宇宙速度和第二宇宙速度的人，分别为五英里/秒、七英里/秒。他的工作一定对戈达德有很大启发，尤其是齐奥尔科夫斯基用经过验证的数学和科学支持了他的理论。最终，齐奥尔科夫斯基的成果只有很少部分用俄语发表，英语论文更是罕见。

同时代另一个独自工作的火箭隐士是赫尔曼·奥伯特（Hermann Oberth）。像沃纳·冯·布劳恩（Wernher von Braun）和许多那时期的科学家一样，奥伯特受到了儒勒·凡尔纳（Jules Verne）著作的影响。奥伯特开始独立于戈达德和齐奥尔科夫斯基研究宇宙飞行理论，他的理论受到了同僚的严重嘲笑。他基于这些理论写了一篇博士论文，但最初因"太过乌托邦"而被驳回。[2]

戈达德在大学深造时，他终于得到了齐奥尔科夫斯基的文章，里面最重要的内容包括人造物体要脱离地球需要达到的飞行速度，以及相关的实现方法。在 1913 年，戈达德正在普林斯顿大学工作，他又患病了，这次是肺结核。他请了很长的假，这给了他充裕的时间来让液体推进火箭的想法和理论更加丰满。一年后，他提交了使用汽油和液态氧化亚氮的液体燃料火箭专利。这将成为火箭科学史上最著名的专利之一。

1916 年，戈达德从史密森学会（Smithsonian Institution）申请了研究经费。在申请中，他提交了一篇短论文，题为《到达极高空的方法》。他获得了 5000 美元的经费，这在 1916 年是一笔不小的数目。三年后，史密森发表了戈达德的拨款申请书，并印刷了 1750 份送往全球各地。

  但戈达德不满足于像齐奥尔科夫斯基和奥伯特一样，仅仅"纸上谈兵"，他想制造火箭来测试很多当时正在发展的理论。他在伍斯特市的一处小工作室安顿下来，并开始将他的设计从理论转化为硬件图纸。在 1923 年 11 月，他对世界上第一个液体燃料火箭发动机进行了试验点火。两年半后，在 1926 年 3 月 16 日，戈达德完成了一枚小型液体燃料（氧气／汽油）火箭的飞行，从奥本区附近一个偏僻的卷心菜地发射。它的最高飞行高度只有 41 英尺。这似乎是一个不吉利的开端，但这个小小的自制火箭和它卑微的、软木塞喷射式的最高点将改变一切。

  关于戈达德液体燃料火箭的消息传出后，奥伯特决定自己也开始做一些硬件实验。在 1929 年秋天，奥伯特试飞了一个小型液体燃料火箭。此项目由一个充满激情的 18 岁德国门徒沃纳·冯·布劳恩进行协助，他像教徒般虔诚地追随着奥伯特工作。20 世纪 50 年代在美军红石导弹项目中，奥伯特在冯·布劳恩的指导下工作，老师变成了学生。

  至于康斯坦丁·齐奥尔科夫斯基，他将因其工作成果得到赞誉，虽然是在他去世后。他获得的众多荣誉包括：莫斯科的一座将他作为苏联"太空征服者"之一的雕塑，一个以他命名的月球环形山和定制版谷歌纪念日图标。

2 烧毁房屋

在你能造出合格的火箭前，要犯 6.5 万次错误。

——沃纳·冯·布劳恩

当他还是一个小男孩时，沃纳·冯·布劳恩的人生中唯一想要的就是建造火箭并飞向月球。很多人有多种多样的狂热爱好，这些爱好日夜占据着他们的思想，对于沃纳来说，他的爱好就是造火箭。1924 年，沃纳 12 岁生日时，父亲给了他一个望远镜。就像戈达德的爬树经历，这件简单的事情最终改变了历史的进程，因为它改变了这个拥有望远镜的男孩，而这个男孩又将改变历史。自那天起，沃纳花了很多时间阅读儒勒·凡尔纳的相关信息，并在夜晚凝望天空。那时，罗伯特·戈达德的论文《到达极高空的方法》被翻译成了德文，沃纳会反复阅读到深夜。

在他 20 多岁时，沃纳得到了第一笔研究经费，以期进一步拓展德国的火箭科学，那时他就确信德国会是他实现登月梦想的渠道。此后的数年，冯·布劳恩告诉他的发烧友协会，德国会帮助他们建造登月火箭。但沃纳在这些理想化的日子结束后，获得了成长。在拿了十年德国的经费后，他意识到所有的军事支票只有一个终局游戏——发展武器装备。他和同僚科学家们倍感挫败。他们手中掌握着一项了不起的发明，它在和平时期具有巨大的潜力，可是这种潜力却被疯子挥霍和浪费掉了。终其一生，这种对人类发明的滥用一直困扰着他。

沃纳·冯·布劳恩端详了头上挂着的大幅地图，图上示意了苏联和盟军的推进位置。战争失败了——任何能读懂地图的人都能轻易看出来。但他的一些同胞只能从地图中看到第三帝国政府的逐渐衰退，而冯·布劳恩却看到了完全不同的景象：他的航天飞行梦破灭了。

一个年轻的士兵轻咳了一下，以获取冯·布劳恩的注意力。他重新开始将个人文件和档案，扔进这个年轻士兵的独轮手推车中。

从 50 英里开外就能看到远处的浓烟——那是苏联地面部队和盟军轰炸机正在寻找位于佩内明德的臭名昭著的德国火箭基地。当然，这是一场规模巨大的战争，数千处上升的浓烟柱漫布于整个国家。在这些日子里，浓烟柱十分常见。虽然德国仍旧控制着他们大多数领空，但是由于位于海岸，基地特别容易受到攻击。佩内明德处于一个像弯曲手指一样的半岛上，离波兰西边国境线仅 25 英里，地势非常不利。随着盟军轰炸机飞行频次的增加，苏联军队稳定推进，意味着基地不再安全。

一个木质码头向海里延伸了 200 米，码头的长堤已经在巴尔干海咸咸的海风中被慢慢腐蚀。近 100 个铁皮化工桶沿着码头的下风缘一字排开。可靠的北大西洋微风不断往西吹拂，把大量从桶中猛烈涌出的黑色飘升物吹离附近的工厂建筑。纳粹党卫军军官的小分队在场地中分散站立，多数人扛着上膛的重型机关枪。严格来说，佩内明德是一处民用设施，但事实上，党卫军监控着这里所有的活动。这天，他们的任务就是指挥销毁大量的秘密文件，并关闭该基地。党卫军头目赖斯菲勒·海因里希·希姆莱命令他的手下监视这群工程师、技工和强制劳工，他们正用独轮手推车将满载的设计图纸、文件、收据和备忘录送入火热的结局。每个劳工推着满载的东西抵达时，其中一个党卫军军官就会指向一个空闲的铁桶，劳工就开始把文件往里扔。当劳工返回去取下一趟文件时，军官会往桶里喷洒一次助燃剂，以保障整个过程的快速推进。

当文件焚毁行动进行时，另外一群技工和劳工则负责把成百吨的制造设备和火箭部件装进一列火车货车厢。火车的发动机处于怠速状态，随时准备离开。沃纳·冯·布劳恩的火箭研究和制造设备将不复存在，这片土地将恢复为农场和牧场。

冯·布劳恩和他的团队接到命令，要将他们的科技转移到另外一处安全地点——米特尔维克。那是一个改建的石膏矿，深处于科恩施泰因低矮的山下。米特尔维克空间宽敞而且埋藏很深，在目前盟军的日常轰炸突袭中，是一处保护德国先进火箭技术的完美之地。两年前，米特尔维克就成了火箭制造基地，但在此后，才由附近米特尔堡 - 多拉集中营的数千名奴役劳工进行大量扩建。[1]佩内明德曾经作为一处工程和研究中心，但是现在所有东西都被转移到了这处更安全的地下基地。冯·布劳恩试着说服自己：这是一个进步，因为所有的东西都将更加集中。

沃纳的文件柜现已清空，又填满了一辆独轮车，他向士兵点了点头，这名士兵推着装满的小车走向敞开的工厂大门。与此同时，一名党卫军军官走进来，在地图上做了一些新的记号，表明苏联军队又沿着他们前进的方向推进了 40 英里。冯·布劳恩对苏联军队推进得如此神速感到惊叹。

沃纳·冯·布劳恩戴上手套，将自己的羊毛外套裹紧，然后离开了大楼。有两名追随他的工程师后来成为他亲密的同伴和知己——迪特·胡策尔（Dieter Huzel）和亚瑟·鲁道夫（Arthur Rudolph）。在他们上级不知情的情况下，这三个男人同其他几名顶级科学家早已获悉了秘密逃跑计划。在大家看来，战争显然失败了，只有少数纳粹顽固分子不这么认为。在两个前线打仗是一个巨大的战术错误，即使对于德国这样的战争机器来说，这都太难对付了。所以，冯·布劳恩和他的顶级工程师们暗自考虑了他们的战后之棋应该怎么下。他们可以悄悄脱离纳粹，控制大多数关键图纸和设计。他们后续可以将这些设计从米特尔维克偷偷运出来，并将它们藏在远离所有人的地方。最终，他们可以向某方投降，但是向哪个国家呢？在冯·布劳恩来看，选项非常明显，只有美国有财力、工程手段和诗意的冒险感，可以协助完成他的月球梦。

当然，前提是，美国人没有先把他关起来或绞死。

他们上了一辆等候的车，司机驾车离开。在基地的大门处，还有个紧张的时刻——有两个党卫军的看守控制着一个检查站。这几天有传言蔓延，声称希姆莱已经秘密下令，处死这些重要的火箭科学家，以保证他们脑中的相关技术不会在被捕时落入苏联的控制中。但是这两个党卫军的看守只是看了看他们的旅行证件，就挥挥手让他们通过了。冯·布劳恩或其他任何科学家不知道的是，党卫军头目汉斯·卡姆勒对如何处置他们仍有自己的计划。[2]

当车辆加速向南行驶时，沃纳·冯·布劳恩回头，最后望了一眼他心爱的火箭基地。他打造人造火箭登月的梦想和计划不得不再等等了。如果这天最终会到来的话。

3 "PT-109" 和蝴蝶效应

如果没有"PT-109"，就不会有总统约翰·F.肯尼迪（John F. Kennedy）。

——大卫·鲍尔斯（David Powers）

肯尼迪政府官员

如果肯尼迪没有成为总统，我们永远不可能登上月球。

——迪特·胡策尔

1969年7月20日，世界标准时间20时18分，尼尔·阿姆斯特朗（Neil Armstrong）的左脚踏上了月球表面，这是人类历史上最伟大的成就之一：把人类带上月球并安全返回地球。尽管历史将这项成就描述为科学进步的自然规律，但根本不是这样。

事实上，整个令人惊叹的壮举很大程度上都归因于蝴蝶效应。[1]

1943年8月2日深夜，一队四艘船组成的护卫队从补给日本驻军岛屿的行程中返回。这是一个没有月亮、黑漆漆的夜晚，同时还有浓雾，能见度几乎降到了零。更危险的是，这支护卫队行驶的航线水域中还有成排危险的珊瑚礁。定期往返这条补给路线的船只被美国人直白地称为"东京快运"。而美国人不知道的是，日本人受够了他们易受攻击的驳船时常被美国的巡逻鱼雷艇击沉的情况，所以他们已经不再使用驳船，而是将其替换为小编队的武装海军驱逐舰。

驱逐舰编队的领头舰是"天雾号"（*Amagiri*），一艘 2000 吨的日本战舰。"天雾号"和它的三艘姊妹舰在南太平洋水域上以 34 节的速度航行，对于这个吨位的船只来讲，这是一个非常快的速度。通常他们不会航行这么快，但是"天雾号"的船长花见弘平少佐怀疑装载鱼雷的美国船只和战斗机在前面的某个地方等着夹击他们。他想在敌人有机会计划并发起进攻前，尽快穿过他们所在的位置。所以他命令舵手以几乎最高的速度向他们的安全主港返航。当太阳从太平洋升起后，他和手下们就安全了。

花见船长的担忧并不是无中生有。正在此时，一队规模更小的美国鱼雷艇正在前面不远处等待着。每艘巡逻鱼雷艇平均约有 12 个船员，比起巨大的日本驱逐舰上的 200 人来讲，要少得多。尽管"东京快运"的线路和日程并不是完全可预测的，但是基于情报和先前的经验，美国的巡逻鱼雷艇船员对于晚上几点日本驳船会经过有大概的了解。

其中一艘巡逻鱼雷艇可以被永远铭刻在美国战争史和传说中："PT-109 号"，由年轻、健壮的未来美国总统约翰·F. 肯尼迪带领。肯尼迪中尉通过勤奋的努力、优异的表现、丰富的驾船技巧，以及背后的政治图谋成为这艘巡逻鱼雷艇的船长。从第二次世界大战开始，肯尼迪就想加入南太平洋的战争中，而现在他实现了这个梦想。

8月2日晚上，这位新上任的巡逻鱼雷艇长官对在这样的情形下攻击日本军感到担忧。所有条件都好像对他们不利：没有月亮、浓雾、能见度差。而现在，连雷达也没了。这支护卫队只有一艘巡逻鱼雷艇安装了雷达，但它在当晚早些时候被命令返港了。剩下的巡逻艇停在水中，像瞎子一样等待着，正准备掀起一场完美的混乱风暴。

虽然不可能确切地知道是谁先发现了对方，但是似乎几乎在日军的瞭望员发现美国护卫队的同时，"PT-109"的前炮手哈罗德·马里吼道："两点钟方向有船！"在"天雾号"上，船长也被告知了巡逻艇的位置，并命令他的舵手"转向十度，全速前进"，计划撞击体积小得多的巡逻艇。这是非常另类的出击方式，也有毁坏大船的风险，但是由于完全缺乏能见度，两队已经非常靠近了，以至于完全没有时间留给任何参战方来操控或者组织任何标准形式的攻击或防御。所以当态势快速发展时，只有"PT-109"巡逻艇甲板下的船员——马达机械工大副、外号"猛禽"的麦克马洪（McMahon）没有听到上面的警告喊叫。麦克马洪回忆道："我以为我们撞到了石头。"[2] 他先从切断的船体里被撞出，又被卷入下面的黑水中。最后，麦克马洪奇迹般地从离燃烧残骸几百英尺的远处浮了起来。

11 个人，包括肯尼迪，从撞击中幸存了下来。两位船员不幸遇难。肯尼迪和其中八位幸存者在充满鲨鱼和梭鱼的水中分散得太开，多数人不能听到或看到其他人。这些幸存者现在面临着新的危险——海面着火了。巡逻艇的发动机使用了高辛烷值的航空燃料，在 160 华氏度以上就会燃烧。油箱在撞击中爆炸，燃料在海面大面积地蔓延，并燃烧着。肯尼迪和他的手下处于被烧死的风险中，而且事实上，有几个人已经被二度或三度烧伤了。

肯尼迪向残骸游过去，他在那里找到了两位幸存者，马奎尔和莫尔，他们紧紧抓着已经分裂开的船头。由于害怕前方油箱里残留的燃油爆炸，肯尼迪命令这两人跳入水中，游开一段安全距离。但是很快，火焰就减弱了，爆炸的风险也平息了，肯尼迪命令他的手下返回船头。

已经差不多快凌晨两点了。

虽然花费了数小时，但肯尼迪成功地一个一个找到了所有幸存的人，并把他们聚集在一起，大家在慢慢沉没的船头旁，伸手抓住了任何能够得着的部位。船头上还有少量浮在水面上的空间。那些带着开放性伤口的人，一旦伤口泡在海水中就钻心地疼，他们爬上了船头残骸，占据着少量的水上空间。其他人则继续待在水中。

此刻，他们的处境要多悲惨有多悲惨。根据威廉姆·道尔的说法，"他们没有食物、没有水、没有无线电、没有救生筏、没有医疗物资，而且看起来也没有任何办法到达安全之地"。[3] 那是一个漆

13

黑无月的夜晚，所以几乎没有能见度，并且由于洋流，他们对于自己所在位置，也只有一个大概的感觉，因为这是一个时刻变动的坐标。大家随波逐流时，开始讨论起了营救计划。这时，他们还不知道，由于无线电静默，没有任何其他海军意识到他们的处境，而且其他巡逻艇也已经离开了那片水域。

当太阳升起时，船员们的情况更加糟糕了。他们像抱救生筏一样紧紧地抱住的船头，现在完全暴露在任何经过的日本船只的视野中，或是致命的敌方水上浮筒飞机下，或是驻扎于附近大部分岛屿上的日本军队视线中。只需一把处于有利位置的机枪打出几发子弹，"PT-109"的船员们就将死亡。

肯尼迪认为，与船只残骸待在一起太危险了。他挑选了一个很小的岛，并命令他的人游过去。他确信这座岛非常小，日本人无法在上面驻军。只有麦克马洪伤到不能游泳，他要求留下来，以免影响他人的前进速度而带来危险。但肯尼迪不想妥协，他咬住麦克马洪的救生衣带子开始游泳，把麦克马洪拖在他身后。其他船员跟在后面。

从做出决定的那一刻起，他们花了四个小时不停地游泳，才到达孤寂的梅子布丁岛——太平洋中一处什么都没有的小岛。当大家游过尖锐的珊瑚区，终于筋疲力尽地扑倒在沙滩上时，他们已经在水中待了 16 个小时。尽管拖着沉重的麦克马洪，肯尼迪还是第一个抵达了海滩。

由于超出了体力的极限，他们甚至不能站起来，不得不手脚并用地爬行着巡查自己的团队。在视线中，还有另外一个大型岛屿——日本驻军的科隆班加拉岛。这是一个重兵布防的岛屿，毫无疑问上面有带着双筒望远镜的日本兵。他们筋疲力尽地爬行着，暴露在沙滩的日光下，处境非常危险。梅子布丁岛似乎被遗弃了。但正当大家庆幸选了一个小到不可能受敌人重视的小岛时，附近响起了一艘日本驳船的发动机声。大家匍匐到灌木丛后，才避免了被发现的厄运。

稍事休整后，肯尼迪和他的手下巡视了一下这座小岛，并很快意识到他们想象中完美的南太平洋小岛其实是一个陷阱。这里没有淡水，没有可食用的大型动物，岛上的植物也不能吃，连近海的鱼都难以捕捉。这里有一些椰子树，但吃过这些树的果实的人都出现了不适。他们的领队快速调研了一下每个人的特长，发现没有任何人曾接受过任何形式的野外生存训练。

肯尼迪非常聪敏地知道，他们不能等。救援行动推迟得越久，他们的身体就会越虚弱。因为缺水和营养不良，他们的健康状况随着时间推移会逐渐变糟。

当晚，大家露天睡觉。早晨，当太阳从太平洋升起时，肯尼迪做出了一个大胆的计划。太阳落下后，他将带上一个从船骸中捡到的信号灯，游到航道中，尝试向可能经过的巡逻鱼雷艇发送信号。当他向手下描述自己的计划时，他们争吵着试图将他劝退。对于船员来讲，这似乎是一个自杀行动，但是对于肯尼迪来讲，这是他们唯一的选择。

肯尼迪的午夜游泳救援尝试只得到了一个结果：他变成一个体力完全透支的指挥官。当肯尼迪第二天早上回到小岛时，他在呕吐后进入了梦乡。在接下来的几天中，船难幸存的人们来回游往附近的几个岛，但都没有发现一艘友好的船只。每次他们都在消耗宝贵的体能。有一天，两个为美国人工作的所罗门土著侦察员划着一艘独木舟出现在岛上，此时岛上的大部分"PT-109"船员正在等待肯尼迪从另一次救援尝试中返回。土著人同意给美国海军带去口信。但不幸的是，没有人有纸。肯尼迪回来后，他们建议把口信刻在椰子壳里。因为可书写面积太小，口信写得非常简短且隐晦：

Nauro 岛

土著人知道位置

他能带路

11 人幸存

需要小艇

肯尼迪

土著侦察员划了一整夜船，抵达了一处美军驻守的哨所。他们遇到的第一队海军并不相信这令人惊讶的故事。但是，他们的椰子壳被层层上报到上级，最终出现在了基地指挥官托马斯·沃菲尔德面前。他决定放胆一试，并派出"PT-157 号"，由代号"Bud"的利伯诺中尉指挥营救行动。几个小时后，当"PT-157"到达肯尼迪事先指定的会合点时，"PT-109"的船长只说了一句。

"你们到底干吗去了？"

三年后，在他富有且政治人脉极广的父亲的敦促下，约翰·F.肯尼迪在马萨诸塞州的第 11 选区参加了美国众议院竞选，并当选国会议员。

4 技术的绝望、救赎和转变

我被指控毁坏战争的努力，因我将我心寄托于太空而不是
摧毁伦敦。

——沃纳·冯·布劳恩

沃纳·冯·布劳恩成了通缉犯。他被美国人和苏联人追捕。当
德国的战败临近时，两个国家都抓捕并控制了第三帝国的将军和其
他官员。这些被拘留的德国军官的房间已经被监听了数月，许多人
的谈话都过于自由。负责监听他们的安保队向上级汇报，一个人的
名字特别地、一次又一次地被提及：沃纳·冯·布劳恩。[1]这些被
监禁的德国将军常常傲慢而虚张声势地讨论，一旦冯·布劳恩的火
箭项目摧毁了敌人，他们将如何很快获得自由。冯·布劳恩的名字
和地位早在 1943 年就被盟军广为了解，[2]盟军军队进攻柏林以及其
他地理目标时，冯·布劳恩在他们搜寻的"最想要的德国人"清单
中位于前列。

沃纳肯定也意识到了入侵的军队正在寻找他。他的自负使他的
名声昭然若揭：他从来没有放弃过任何一个可以为他的火箭计划和
他自己赢得关注的机会。这名声在需要增加研究和生产经费时，是

一项财富，但如果是在战争中处于战败的一方，就没那么有利了。

当沃纳站在豪华滑雪度假村豪斯英格堡的阳台上时，他望向环绕着他的雪顶山峰和数千平方英里的高山树林。他开始搜索靠近的军队，但什么也没有发现。他从德国情报得知，法国军队在他们的西边，美军在南边。但在这干冷透蓝的春日，从他的位置看过去，只有绝美的自然景观。

沃纳感到一阵剧痛，不得不换了换姿势。他的左臂最近在一次车祸中严重受伤，外科医生不得不对他的骨头进行了两次复位。他的胳膊被厚厚的石膏包了起来，并以一个非常陡峭的角度吊着，这样他的前臂才能与他的肩膀齐平。止疼药的疗效慢慢消退，沃纳又倒了两片到嘴里。一个侍者用浅盘托着一瓶酒和一个水晶杯，来到了他的房间，并将它们放在了石头栏杆上。

"谢谢。"

侍者在杯子里倒了少量酒，就离开了。关于这天，沃纳后来向一群美国记者开玩笑道："我处于一种非常乐观的情绪中。希特勒死了，而酒店的服务棒极了。"[3]沃纳、他的弟弟马格努斯、多恩伯格上校，和几位朋友、同事，因考虑到人身安全被允许搬到这个偏僻的度假村。与他们为伴的党卫军守卫是个重大隐患，因为流传着的谣言说德军想刺杀这些科学家，以保守他们的秘密。即使谣言不是真的，但如果他们被苏联军抓住，也会被严刑折磨，以套出这些秘密，然后被处决。只有美国人提供了获得安全的可能性。但由于在战时，所有的事都是变化的、不确定的，德国的工程师们并不可能知道如果他们投降会不会被枪决，即使投靠的是美国人。

但此刻，沃纳的思绪并不在投降上，而在他的密友和工程师同事——迪特·胡策尔身上。在这片常绿树林的下面，迪特带着一队可靠的朋友和工程师正在执行一项任务，拯救他们花费自己生命中最好时光创造出来的科技的残余部分：设计、建造大功率液体燃料火箭。迪特和他的团队只配备了三辆货车和少量的伪造文件，将计划、图纸、手册和火箭零件带到哈兹山中，并悄悄地将他们的货物隐藏在一处老矿中，然后将洞口炸毁封闭。他们的目标是防止相关科技被错误的人拿到——错误的人指任何不向投降的德国工程师提供庇护的国家或军队。这些技术也成了即将到来的投降谈判的筹码，他们知道这一刻必将到来。

多恩伯格上校——最早发现沃纳的伯乐——来到了阳台，向他的朋友走去。

"他们回来了。"

沃纳脸上露出了笑容，意识到他的同事们安全了。接收到迪特任务成功的信号后，他俩决定是时候将计划付诸行动了。几天前他们收到了希特勒的死讯。随后的早晨，他们醒来时发现党卫军守卫在晚上消失了。现在必须做出决定了。

向苏联投降可能是自杀。法军只在几英里开外，但纳粹进攻法国时也犯下暴行，所以向法国投降也有受到死亡报复的风险。那天早晨，他们派沃纳的弟弟马格努斯·冯·布劳恩前往奥地利这侧的边境，去寻找美国士兵。为了避免任何他遇到的士兵感觉受到威胁，马格努斯决定骑自行车前去。很快，他就遇上了第44步兵师的一小队反坦克排。⁴下午两点，马格努斯带着遇到美军的消息，回到了豪斯英格堡。他告诉哥哥和其他人，美军并不相信他的故事，不相信一群德国火箭科学家被监禁在一处豪华的山间度假村。他说美军想见见几位被监禁的科学家，特别是沃纳·冯·布劳恩。他们很快制订了一个把几位团队成员送下山的计划，去向美军证实马格努斯的"故事"。

有七名成员组成了先遣投降组。沃纳、马格努斯、多恩伯格、赫伯特·阿克斯特（Herbert Axster，多恩伯格的参谋长）、汉斯·林登伯格（Hans Lindenberg，一位 V-2 发动机专家）、伯恩哈德·泰斯曼（Bernhard Tessman，沃纳的特别助理）和刚从哈兹山的秘密任务中返回的胡策尔。以防美军要将他们关起来一段时间，他们打包了一些衣物，驾驶着三辆车，跟着马格努斯下了山。

在山下，七个人遇到了两辆满载着普通武装步兵的卡车，这些步兵将他们护送到位于罗伊特镇的反情报军总部。在那里他们见到了查尔斯·斯图尔特中尉，由于断电，他正在桌前一盏蜡烛的光线下工作。⁵冯·布劳恩事后吹嘘道，他完全不担心他们会被虐待。五年后在一次采访中，他说："我并不认为我会被当作（战犯）。完全没有，这没有道理。我们有 V-2，而你们没有。自然地，你们想了解它的全部。"

再次，沃纳·冯·布劳恩像有预测未来的诀窍一样，他和他的

21

同党得到了远超过普通美国大兵享用的食物，事实上，他们得到了名人般的待遇，握手、与美军一起合影。投降后，冯·布劳恩表现得非常张狂、兴高采烈，以至于一个士兵讽刺道："如果我们没有抓到第三帝国最重要的科学家，那我们肯定抓到了他们最大的骗子！"[6]

最后，差不多 500 名德国火箭工程师被一名或一组美国情报人员审问。其中一些科学家被认定符合以"新顶级机密科技转移项目"为名义进入美国的条件，这个项目代号为"阴天计划"（Project Overcast），后来被重命名为"回形针计划"（Project Paperclip）。其他人则被认为受纳粹影响过深而不允许移居。

审问冯·布劳恩的是位照章办事的西点军校年轻毕业生——沃尔特·杰塞尔中尉。三天的审问中，中尉和德国火箭设计师坐在小房间里讨论后者研发火箭技术的工作。评价沃纳的心理状态当然也同等重要。在报告中，杰塞尔后来预言性地备注：在所有德国的工程师中，冯·布劳恩博士是"最有可能适应美国生活方式的人之一"。

在第三天结束时，杰塞尔中尉问了沃纳最后一个问题："冯·布劳恩博士，如果你移民到了美国并成为一名归化的公民，你在余生中会做什么？"

"我将建造飞向月球的火箭。"

5　狂野西部

> 我们开始穿戴墨西哥牛仔靴和宽檐帽。我们开始像牛仔一样欢呼！

> ——迪特·胡策尔

带蓝莓的巴伐利亚华夫饼、带培根的苹果葡萄干薄饼、奶油泡芙和早午餐蛋糕、奶酪和香肠点心……当沃纳盯着面前的鸡蛋粉和不新鲜的吐司时，这些佳肴浮现在他的脑海中。在佩内明德，他们得到了诸多优待——他们所有的需求和愿望都由多恩伯格上校和德军拨款、满足。最好的食物、异常舒适的家具、超级柔软的床单，对于沃纳·冯·布劳恩和他的高科技团队来讲，什么样的物质生活都不过分。他们得到了优渥的报酬和研究经费，只有他们想不到的，没有他们要不来的。

现在，在布利斯堡，这些德国工程师得到了减配后的经费：每天 4.8 美元，而且他们何时、何地以及如何支出这些经费，都受到了严格的限制。[1] 他们一起住在一个没有空调和采暖设施的临时营房里。老鼠、蝎子、狼蛛、响尾蛇被定期从楼里清出去。这里没有隐私，禁止出行，而且他们的家人还没有收到前来美国和他们团聚的许可。

更糟糕的是，这里的啤酒尝起来像漱口水。

在大厅杂乱不堪的桌子前，坐着迪特·胡策尔、亚瑟·鲁道夫、埃伯哈德·里斯（Eberhard Rees）和马克斯·纽伯特（Maxe Neubert）。沃纳知道他们在想什么——这些人到这里后一直在思考这个问题——他们离开祖国来到美国的决定是正确的吗？

在前一天晚上，他们需要将一根电线从营房的一侧牵到另一侧。当沃纳的一名手下带着电线在床铺下爬行时，差点被一只蝎子蜇了。这里几乎所有的建筑都没有空调，断电是常事，而得克萨斯州又热得让人难以忍受。

沃纳在同事令人不安的凝视中感到不适，将视线转向窗外。在没有隔热的木质餐厅中，从他座椅的位置，可以看到石头多树少的富兰克林山脉延伸到北边，而贫瘠的沙漠环绕着他们。对于一个在原始草甸和高山丛林中长大的人来讲，这是一个巨大的改变。

沃纳叹了口气，转回来看着他的鸡蛋粉，勇敢地将它塞进了嘴里。

冯·布劳恩想移居美国的愿望，虽然回顾起来合乎逻辑，但在1945年绝非板上钉钉的事。除了美国人想要他，其他很多国家的人也想要他，特别是英国。大不列颠刚在战争中经历了艰难的时光和创伤，而美国政府非常同情英国的处境，并赞同其战后援助的请求。温斯顿·丘吉尔（Winston Churchill）甚至自创了一个词来描述战后对人类科学财富的争夺——"奇才战"（Wizard War）。[2] 奇才战的目标之一就是将冯·布劳恩分配给英国最新的火箭研究项目。事实上，冯·布劳恩在向美国人投降后不久就被派往英国，英国人试图向他请求支援，如果此举成功了，将对历史产生什么影响，只能靠我们的想象来推测了。当时，他和几个德国工程师被临时扣留在温布尔登的一个战犯营里，离举办网球锦标赛的地方不远。³在英国时，阿尔温·克劳爵士尝试游说他留下，但冯·布劳恩坚信只有美国可以将他的登月火箭梦想变成现实，爵士的努力没有成功。后来克劳请他列一个清单，写明可能更愿意来英国的德国工程师名单，他照做了。

不久后，美国的消息传来：回形针计划认为沃纳·冯·布劳恩和他的几位同事十分珍贵，不能移交或借给任何人。他们获得了去美国的移民许可。讽刺的是，旅程安排要求冯·布劳恩回德国待一阵儿，然后从那里去巴黎，在一家豪华酒店接受盘问后，沃纳签署了他与美国战争部的第一个合同。这个合同给了他六个月在美国工作的时间，另外还可以延长六个月，这需要由美国陆军来决定。⁴从巴黎，他乘坐一架噪声巨大的四发动机 C-54 飞机，进行了24 小时的飞行，最后降落在了特拉华州的纽卡斯尔。乘坐小飞机短距飞行去往波士顿后，冯·布劳恩和他的护送军队乘面包车和船到达波士顿港的斯特朗堡，并在这里办理了更多的法律手续。尽管在手续完成后，按法律的严格解释，冯·布劳恩仍被认定为非法移民，但在战后的美国，备受尊重的美国陆军几乎可以摆脱所有的条文限制。

正是在斯特朗堡，沃纳收到了最后的行程指令：他和他的工程师小分队会被送往得克萨斯州埃尔帕索附近的布利斯堡，去参与一项科学研究，相关性质将在之后透露。

冯·布劳恩非常兴奋——对于就要看到的"狂野西部"非常激动。就像多数德国人一样，他对美国西部的了解都来自两个渠道：少数翻译成德文的好莱坞电影，以及一位德国作家卡尔·梅写的小说。梅的美国西部故事，围绕着名叫老沙特汉德的英雄式牛仔，以及一个叫温内图的阿巴契土著酋长展开。虽然冯·布劳恩是个聪明人，但他完全不知道19世纪的老西部是如何被梅这样的电影人和作家神话化的。卡尔·梅实际上从来没有踏足过美国，而是在德国度过了他大部分的人生。[5]

沃纳·冯·布劳恩将面临一个"惊喜"。

将大量V-2发动机零件从美国的港口运输到埃尔帕索市，需要上百辆有顶货车。在到达布利斯堡后，冯·布劳恩发现这些货车像串珠项链一样排开，穿过整个国家延伸到新奥尔良、纽约和波士顿的港口。很多货物还在大西洋的船上，而且大量的零件仍留在德国。要运输如此多货箱，工作量非常巨大，很多货物被冷落在支线上，最终被遗忘。

就像他们设计和制造的货物一样，当沃纳的工程师同人们分散在半个地球上时，同样的问题也发生了。在对他们进行军事审核和进一步审问时，一些人仍分散在德国和多个欧洲国家内。一些人在等待旅行许可，一些人因为战后运输的困境，如石油短缺，而卡在了转移途中。因为沃纳不容置疑的重要性，他的旅程安排被给予了高度优先级，而且他属于第一队被送往布利斯堡的德国工程师。他刚抵达时，就因肝炎而卧床不起，结果不得不与一群受伤的美国大兵共享一个医院的临时棚屋，而这些美国大兵正是因他设计的武器而负伤。[6]

时间飞逝，冯·布劳恩将与100多名前同事在布利斯堡会合。

冯·布劳恩知道他的V-2硬件被运往了布利斯堡，他自然假设自己会被安排组装和测试V-2火箭。美国人没有这种水平的火箭科技，他们希望冯·布劳恩帮助美国人学习V-2，这样才符合逻辑。然而，冯·布劳恩却惊讶地发现自己被分配到一个最高机密的下一代推进系统的工作中：冲压喷气机发动机项目。尽管他对这项技术一无所知，他还是被指任为少数几个负责开发的科学家之一。因为冲压喷气机需要燃烧大气中的氧气作为其中一种推进剂，这项任务意味着他需要投入一项永远不可能进入地球轨道的科技项目中，更别提飞向月球了。对于冯·布劳恩，一个梦想登月的人，这只是其中一个挫折，其他问题还包括政府资助缺乏远见。难道别人都没有意识到他的真实命运吗？在到达得克萨斯州后，只用了几周时间，他就开始担心对于美国人来讲他是否已经是多余之人了。

但最终，现实像弹道导弹一样击中了布利斯堡的军方高层。当V-2的零件开始在基地的各个地方堆积时（它们填满了所有空闲的库房并且占据了大量的户外存放场地），很明显，冯·布劳恩的专长需要发挥在别处。军队需要有人能够维护、组装、测试和发射

V-2 火箭，而这些任务只有一个合适的人选。但美国还有另外一个考虑。尽管欧洲方面的战争已经结束了，但美国与日本还处于交战状态，他们还没有向广岛投放原子弹。这迫使美军决定允许冯·布劳恩和其他德国人将他们在布利斯堡的工作聚焦在 V-2 弹道导弹上。[7] 他们有可能会需要这样的武器。

让德国人参与到 V-2 的工作中，意味着需要频繁到访穿越新墨西哥州边界的发射场。尽管布利斯堡的生活很无聊、不舒适、清苦且悲惨十足，沃纳和他的手下还是感到非常震惊，因为和发射场比起来，这里简直就算是天堂了。

发射场白沙基地确实名副其实——无边无际的石膏基白沙无缝地覆盖了所有东西，并可以钻进所有东西里面。在德国科学家开始组装 V-2，准备进行试验发射时，他们很快发现自己不得不投入大量多余时间将沙子清理出火箭硬件——发动机、推进剂箱、燃料管路。沙子同样困扰着他们身上几乎每个孔腔。白沙基地是一片终结所有荒地的不毛之地，在这里工作加深了美国新火箭科学家们的不幸程度。

但并不仅是沙子让这里的经历如地狱一般。基地里的设备设施非常匮乏且不专业，快把工程师们逼疯了。有一个他们将谈论数年的著名事件：冯·布劳恩告诉美国人，他们需要一个安全且受保护的站点，不能离发射区太远，可以在观测火箭，或在看到他们认为危险的事件（如飞过的飞机、不速之客、火箭飞行脱离正轨等）时进行任务紧急中断。1946 年 5 月的一天，他们计划从白沙基地对第一个 V-2 火箭进行试飞。美国人向冯·布劳恩展示了他们为其准备的中断站点：一条从发射台引出的纤细的导线，沿着地面连接到一个小小的开关上，其上没有任何建筑或类似的结构，仅有的火箭爆炸或倾倒保护设施是一个小小的沙丘。美国人告诉冯·布劳恩这就是他的"紧急中断站"。[8] 据迪特·胡策尔说，那时白沙基地的火箭发射设施"并不比德国没有经费的业余青少年项目好。美国人想要成果，但是没有经费支撑我们做的事"。[9]

尽管看起来很业余，但这个中断开关在那天还是派上了用场，因为第一次 V-2 火箭发射出现了严重错误。同冯·布劳恩一起工作的德国工程师之一沃尔夫冈·斯图尔将发生的事描述为一次"完全狂野的飞行"。据斯图尔称，火箭"朝四面八方开心地翻滚下来"。[10]

一个月后，德国人在 V-2 上取得了第一次重大成功，将火箭发射到了 67 英里的高空中。这是个非常重要的里程碑，因为非大气空间始于 50 英里的高空。这个火箭甚至携带了相当重的负载：一套上层大气仪器组件，由亚瑟·克拉克在一年多前首次提出。一些人开始将 1946 年 5 月那次发射称为"太空时代的曙光"，但更符合这一称号的事件将在几年后发生。

美国在高性能液体火箭技术方面并非毫无建树。美国的罗伯特·戈达德毕竟也是这一领域的先驱，他在 1926 年 3 月 16 日于马萨诸塞州的奥本区附近发射了世界第一枚液体火箭。1945 年，几家公司，包括道格拉斯飞机公司和古根海姆航空实验室，都打造了固体和液态火箭，并且成功发射到了相当高的高度，其中一个火箭就是"WAC下士"（WAC Corporal）。冯·布劳恩因美军不能分配给他任何新的项目而感到非常沮丧，决定看看如果将WAC下士安装在V-2上作为二级推进是否会发生有趣的事。早在14世纪，中国人就发明了多级火箭的概念，但是这个理念还没有在外太空中实现它的真实潜力。1949年2月24日，一个装有WAC下士二级推进的V-2火箭从白沙基地的试射场升空了。这个火箭打破了多个纪录：人造物体取得的最快速度——5150英里/小时（超过五倍音速），有记载以来的最大高度——250英里。这是个令人惊叹的成就，但那时完全没有被媒体注意到。

人类能建造并发射一种可以脱离地球引力并上升到如此高度的设备，应该能改变所有事。怎么还会有更多质疑呢？沃纳·冯·布劳恩是对的：要进入地球轨道或者飞向月球，你需要的就是一枚大到足够到达那里的火箭而已。

但没有人关注此事。

沃纳吃完了他的鸡蛋粉和不新鲜的吐司，然后静静地环视他的密友和同事。那天早晨，另一个驶向尘土飞扬、布满车辙的道路的行程正等着他们———一个安排在白沙基地的发射任务。沃纳能从他们脸上看出他们兴致寥寥。外面，得克萨斯州的阳光中，他们的大巴等待着，大巴司机不耐烦地按着喇叭。

"走吧。"沃纳说。

所有人站起身来，并跟随着他走向大门。

6 太空人

没有什么比创造未来更像一场梦。

——维克多·雨果（Victor Hugo）

"F9F 黑豹"（F9F Panther）战斗机，由格鲁曼飞行器公司打造，远比不上先进很多且快很多的苏联造"米格-15"（MiG-15）。"F9F 黑豹"的飞行员密切地关注着他的领空，全神贯注地听着无线电通话，唯恐在他附近发现任何米格飞机。飞行员有理由比平时更加担心。他刚投下了他的最后一颗炸弹，准确击中目标并摧毁了敌人的一座关键桥梁，但他的飞机有个重大问题：就在释放炸弹前，一根防空高射悬索切断了它的右翼，使机翼长度至少减少了 6 英尺，极大地降低了飞机的适航性。飞机的燃油箱至少还有一半燃料，且带着上百磅弹药，在 350 节速度时，它离地面只有 500 英尺高——一个完美的可能发生致命猛烈撞击的情形。

这架飞机从好几英里远的地方起飞，属于部署在韩国海岸外的美国航空母舰"埃塞克斯"（Essex）上的飞机编队中的一架。它现在已经破损得太严重，不能冒险航行数英里的海域回到母舰上，所以飞行员开始考虑他的选项。他对副翼还有足够的控制，可以慢慢地上升，这是他的第一步操作。除此之外，他的选择就少且危险了。他需要上升到差不多 1.4 万英尺，这个高度的空气非常稀薄，可以增加跳伞弹出后的存活概率，并且他需要离开朝鲜的领土，以免降落在敌人的手中，被抓捕枪毙。但是跳伞并不是最好的选择。这名飞行员曾与查克·叶格（Chuck Yaeger）一起在爱德华兹空军基地飞行过，这位著名的飞行员说过的话在他脑海中重现。叶格说，从高速的战斗机中跳伞就像"为了避免死亡而自杀"。

飞行员将他的两难境地通过无线电告知了他的同行战斗机，约翰·卡朋特（John Carpenter）正飞在他旁边。"我们可以的。"这是卡朋特的简短建议。然后为了准备跳伞，他补充道："确保你的肩带和座椅安全带系紧了。"卡朋特一直与他的同伴待在一起，直到他们飞出了敌人的领土，然后他就飞走了，因为他知道一旦弹射座椅发射，任何附近的飞机都可能被残骸撞到。现在，这名飞行员独自等待了几秒，然后激活了弹射座椅。在高速和高加速度下，他被射向了空中。阻力伞展开了，紧接着是主减速伞，他不久就发现自己正在温和地下降。在他的左边，一望无际的太平洋一直延伸到地平线。在他右边是韩国一片郁郁葱葱的土地。慢速下降持续了几分钟，在空中任何时刻，飞行员都有一半的概率被地面武器或经过的米格飞机击中。但是他优雅地降落在一片稻田中，奇迹般地毫发无损。

脱掉降落伞和破裂的头盔之后，他听到了一阵响声，一阵他非常熟悉的响声。这是一辆正在靠近的美国军用吉普发出的低沉震颤，吉普是从附近的海军基地开出来的。站在稻田的水中，他抬头看到了方向盘后一张熟悉的脸——他在飞行学校中的室友古德尔·沃伦。

当吉普开近后，这位21岁的飞行员露齿一笑，向他的朋友喊道："古迪（古德尔的昵称），你从来没有这么好看过！"

古德尔停好他的吉普车，下车查看飞行员。

"尼尔·阿姆斯特朗！你在我的稻田里干什么？"[1]

五年以来，沃纳·冯·布劳恩与同他一起移民的德国同事以"特殊雇员"的身份为美国陆军工作，这是对非法移民的一种委婉称呼。[2]一天，美国政府决定是时候将这些德国人的身份正常化了，于是美国政府让他们做了一件很古怪的事：步行通过得克萨斯州埃尔帕索市的一座桥，穿过里奥格兰德河，进入墨西哥，然后往回走到埃尔帕索、美国的领土。这样出境再入境的操作是非常有必要的，以便开始进入永久合法居住的流程。在美国的五年，每个人都可以明显地看出来，这些德国人是准备留下来的。

在完成了官僚的繁文缛节后不久，这群火箭科学家收到消息：因为当前的军事需求，他们占据的布利斯堡需要被腾出来。这样一来，基地就再也没有进行火箭实验的测试空间了。几乎同时，五角大楼收到情报，显示苏联正在打造具有核能力的洲际弹道导弹，他们对此非常关心。突然之间，这些德国人变得炙手可热。两周后，在亚拉巴马州的汉茨维尔，一个更大的基地开启时，美国人做出了转移决策，将多数德国科学家迁移到这个目前被称为"红石兵工厂"（Redstone Arsenal）的地方。因为好奇前面等待的是什么，沃纳去汉茨维尔基地拜访了一下。一回到埃尔帕索，他像昔日的沃纳·冯·布劳恩一样，充满激情地喊道："那里看起来像家一样！非常翠绿，很绿，所有的东西都很绿！周围还有山！"[3] 所有人都松了一口气，他们都在德国青翠的美景中长大。就如冯·布劳恩的建筑规划师汉尼斯·卢森的事后评论："在布利斯堡，我们需要开200英里才能看到总共五棵树。"[4]

随着搬迁，沃纳·冯·布劳恩收到了一个新的职位：亚拉巴马州汉茨维尔红石兵工厂，陆军军械导弹研究组，技术总监。[5] 德国人和一些文员、技工以及很多设备很快就在他们的新住所安顿了下来。他们不仅因为新地点，更因为新任务而精力充沛：五角大楼终于意识到火箭是现代的必需品，坦克和战舰不会消失，但这项新发明必须加以利用，以确保其优越性，或至少与苏联的情况相当。

在汉茨维尔安顿下来后，这些德国火箭设计师存在的消息就没有必要再保密了。在布利斯堡，他们被规定在基地军粮供应处购买物品，不允许去埃尔帕索市里，以免他们的身份和出现引起军队的公共关系问题。即使这样，冯·布劳恩还是鼓励他的手下尽可能与城里的美国人结交。他的几个工程师还结识了年轻的美国女人，并与她们结了婚。在搬到汉茨维尔后，军队决定放松对他们的管控，并允许德国人与本地绅士名流来往。冯·布劳恩继续鼓励对外交往，并意识到同本地人的友好关系是他们被接纳的关键，而只有被接纳后，他们才能取得成功。尽管有几家商店挂出了"德国佬不许入内"的牌子，德国人与汉茨维尔人的互动最终从紧张不自然变得友好宽容。

就像他在布利斯堡时一样，沃纳开始收到向不同社区团体进行演讲的邀请。一个傍晚，他正在参加由原教旨主义宗教团体举办的晚宴。一位牧师当众严厉批评冯·布劳恩，并声称："过去两年，我们在亚拉巴马州经受的干旱毁坏了我们的庄稼！你什么时候才能停止用火箭在云层上打洞，让雨水干涸？"冯·布劳恩的回答展示了他同时在科学和宗教两个世界里优雅立足的原因："先生，我知道你对《圣经》和雅各布梯子的故事有多熟悉，"沃纳说，"天使在梯子上爬上爬下。我们也是。如果上帝不想让我们在他创造的世界里上上下下，他只需要弄翻梯子即可。"听众给予了冯·布劳恩一阵震耳欲聋的掌声，这件事给他带来了一个好名声。[6]

不久后，德国工程师们的出现就广为人知，媒体的采访请求也越来越普遍。沃纳是一个非常繁忙的人，为了节约时间，他决定召开一个新闻发布会。他期待这将是一个小型活动，但意外地，记者从全国各地赶来。他回答了大量的问题，但是有个问题非常值得纪念。在发布会快结束时，一个记者站起来问道："将一个人送上月球并让他安全地返回地球，需要做什么？"这个问题让整个屋子鸦雀无声，然后很多记者发出了大笑。但在他们注意到冯·布劳恩严肃的表情后，很快又恢复安静。对于沃纳来讲，没有比这个更棒的问题了，他非常有必要正确地回答。他清了清嗓子，安静地理顺他的思绪，然后说出了他的答案："将人送往月球并让他安全地返回地球，只需要一个东西，那就是去做的决心。"

当记者们将他的回答写在记录本上时，这个德国科学家继续进行解释。他向记者们担保，现在所有将人送往太空的条件都具备了。可能有风险，但是值得冒险。"美国已经准备好了，"他说，"我们有最优秀的科学家，最先进的火箭。"但是私下里，他自己都质疑这句话的真实性。苏联开始泄露出情报，美国的报告一致认为：苏联正在做一件大事。

那是一个周日的午夜。在汉茨维尔，沃纳·冯·布劳恩在白天为美国陆军工作：为当前的形势设计火箭。在晚上，他就投入自己最爱的事情中去：为未来设计火箭。如果有人愿意来到红石兵工厂乱糟糟的大厅，问沃纳今天是几号了，他很有可能不知道答案。他让他的文员和秘书负责这样的世俗细节。有驱动力、有野心且注意力集中的人，通常对日历上的日期或者时钟上的指针毫不关注。对于这类人，真正重要的是他们面前有什么，而1952年那个冬日夜晚，摆在冯·布劳恩面前的是火星。那时候，几乎地球上所有人都相信把人造卫星送向太空是不可能的事，人类宇宙飞行更是稀奇，让人登上月球是非常愚蠢的科幻，但沃纳已经开始计算将人造飞船送向火星的必备条件了。这了不起的远见，以及思考遥远未来的不可思议的能力，会以他从未预料到的方式回报他。

沃纳的火星工作不仅停滞于理论。他的新闻发布会的影响比想象的更加深远，征文和演讲邀约铺天盖地而来。在他收到的所有邀请中，一个从《科利尔杂志》发来的邀请引起了他最大的兴趣。《科利尔杂志》想做一个两年至三年的连载，聚焦人类的宇宙飞行，他们希望沃纳·冯·布劳恩来写第一期（如果不能写更多的话）。另外，杂志会雇用一名专业的艺术家，为空间站和太空飞船未来的样子进行逼真的描绘，这些图像将作为文章的一部分发表。

更棒的是，还有报酬。

这是一个好到难以拒绝的提议，所以那天晚些时候，沃纳就开始写作了，这篇文章将成为《科利尔杂志》的第一篇载人航天文章。在沃纳的催促下，杂志同样邀请到了他的密友威利·雷（Willy Ley）。他是一位作家，在第二次世界大战之前就溜出了德国。当时，他持有一本德国许可的记者签证，允许他去美国旅行一段时间后返回。只是雷从未回去。

沃纳写给杂志的第一篇文章题为《穿越最新前沿》，这篇文章将发表在 1952 年的 3 月刊上。这期杂志带有奇幻的彩色图画，描述了大型太空飞船，有些带有机翼，预示着航天飞机的可复用性。在杂志封面的上方，预言性地写着"人类将很快征服太空"。在接下来的三年，经由冯·布劳恩的想象强化后的文章和图画，将在美国各地刺激着大家的神经。冯·布劳恩以简单、易理解的术语解释了为何太空飞船、轨道空间站以及飞向月球和其他星球的太空旅行将很快实现。相关的技术已经出现，目前需要的就是公众的支持和赞助。

　　第一批文章一经发表，沃纳的想象就吸引了"想象先生"本人：华特·迪士尼（Walt Disney），这位动画发明者正准备打造世界上第一个主题公园。公园的一部分叫作"明日世界"：一个所有未来事物的展示空间。迪士尼需要帮助，来具体描绘那个未来世界的一些细节。他将冯·布劳恩视为志同道合者，一个赞同他理想主义观点的人。他们都认为人类的脑子可以想象什么，人类的双手就可以创造什么。迪士尼联系了冯·布劳恩，请求他在新的商业项目中助他一臂之力。迪士尼需要一个具有"明日世界心智"的人参加他的新电视栏目——《太空人》（Man in Space），在摄像机前解释冯·布劳恩在杂志中描述的东西。冯·布劳恩，这位快乐的表演者欣然同意了。《太空人》成功了，所以迪士尼紧接着推出了两集续集：《人类和月球》（Man and Moon）以及《火星之外》（Mars and beyond）。[7]在第三集播出时，沃纳·冯·布劳恩已经成了名人，迪士尼乐园也大获成功。

　　美国人对太空时代的热情很快被点燃。这是一个人类努力奋斗的时代，甚至在它出现之前就已经被人们谈论过了。尽管冯·布劳恩有着过激的热情和夸张表达的嗜好，但有一件事他是正确的：几乎所有能让人类进行太空飞行的科技都已经存在。现在，随着美国人快速入场，制造设施就位，就只待华盛顿的政治家和美国财政部达成一致了。

7 总设计师

世界上没有不可以解决的问题。

——谢尔盖·科罗廖夫（Sergei Korolev）

很快，在爱荷华城，一位叫詹姆斯·阿尔弗雷德·范·艾伦（James Alfred Van Allen）的物理学家简陋的客厅中，美国和苏联之间被称为"太空竞赛"（Space Race）的竞争开始了。即使是无意的。

正值 1950 年 3 月，"冷战"升级。几位美国主要的科学家聚集在范·艾伦家，讨论给"冷战"降温的可行性，包括弗雷德·辛格、劳埃德·伯克纳、悉尼·查普曼等。他们想组织一次世界性的友好活动，名为"国际地球物理年"（International Geophysical Year，IGY）。活动将持续 12 个月，其间多个国家可以为科学发现的共同利益而协同工作。他们提议由国际科学联盟理事会进行赞助，理事会同意了。在进行了很多计划和讨论工作后，他们决定将 IGY 的举办日期对应于几年后将高度活跃的太阳活动期，且将 12 个月的活动时长延伸至 18 个月，从 1957 年 7 月 1 日开始，一直持续到 1958 年 12 月 31 日。

1955 年 7 月 29 日，在这次客厅谈话后几年，艾森豪威尔总统的新闻秘书詹姆斯·哈格逊宣布：作为其参与 IGY 的项目之一，美国将发射全球第一个人造卫星。而仅仅四天后，在第六届国际宇航联合会（International Astronautical Federation）代表大会上，一位苏联科学家列昂尼德·塞多夫宣布：苏联也将进行同样的项目。没有人谈论任何形式的竞争，科学家们不想通过宣传像竞赛这样幼稚的东西来玷污自己的名誉。但是不论他们是否意识到了，两个国家都刚刚放出挑战信号——太空竞赛开始了。

对于这场非官方的竞赛，没有人比沃纳·冯·布劳恩更沮丧。他是少数明白竞赛早就在范·艾伦客厅峰会前就已经开始的人之一。冯·布劳恩感到沮丧，是因为他知道如果让他负责相关项目，他将赢得此次竞赛。但是在美国的太空项目中，他离策略制定者的层级太远。另外，对于此次竞赛挑战，没有人比火箭科学家谢尔盖·科罗廖夫更加高兴。他正在负责苏联的相关项目，并且已经在绘图板上画出了能够将载荷发射至轨道的重型火箭，他感到欣喜若狂。在列昂尼德·塞多夫宣布相关消息后，谢尔盖立刻将确保苏联处于卫星竞赛领先地位作为自己的任务。

谢尔盖出生在俄国小镇日托米尔，此地如今属于乌克兰。他在非常小的时候就展现了数学方面的兴趣和天赋。他在基辅工学院上学，不久后就转到了鲍曼莫斯科国立技术大学，在此获得了航空设计的学位。科罗廖夫看起来有着光明的前途，但他被亲密同事错责为叛国罪，同其他数百位科学家和工程师一起被认定有罪并送往劳改所。他被判了八年，在劳改了六年后，于1944年6月27日被释放。在劳改所时，科罗廖夫被分配参与飞机、轰炸机以及火箭发动机的设计工作，这些经历将引导他走向自己的命运。

像沃纳·冯·布劳恩一样，谢尔盖·科罗廖夫开始畅想用大型火箭将人类送往太空、进入轨道、登上月球的可能性。因为他有航空工程学历，还有战时在火箭发动机设计方面的经验，在第二次世界大战接近尾声时，科罗廖夫与其他同事被派往德国，尽可能多地收集德国技术，并笼络尽可能多的德国科学家。他和其他苏联"招募者"成功地俘虏了2000名德国科学家和技术工人，并且收集了上千吨航空和火箭硬件，其中多数被转移回莫斯科和苏联其他地方。

科罗廖夫的领导力在他往返于德国的过程中有目共睹，因此，他被指派负责液体燃料火箭的设计工作。科罗廖夫在新的岗位上不敢浪费一丁点儿时间。他组建了一支能干的团队，包括工程师、技术工人和金属折弯机工程师，直接开始工作。第一个他自愿负责的任务是将从俘虏的德国工程师那里得来的V-2图纸复现、重构并进行飞行测试。在成功完成这些任务后，科罗廖夫获得了大量经验，收到了设计创造下一代更大更强火箭的命令，最终设计出的火箭被他称为R-7——那时从未有人想到过的最大最强的火箭。这将是最终把"伴侣号"（Sputnik，苏联发射的世界第一颗人造地球卫星）送向轨道的火箭。

谢尔盖·科罗廖夫毫无疑问很快成为苏联最重要的财富。一时，政府官员开始害怕美国可能试图刺杀他，所以下令将科罗廖夫的身份作为国家机密进行保护，无人被允许提及他的名字，甚至用他的名字来称呼他。每个认识或者与谢尔盖·科罗廖夫共事的人都要以"总设计师"的称谓称呼他。[1]

科罗廖夫简陋的木棚屋办公室被打开，西伯利亚冬日的风混杂着几片雪花吹了进来，他桌子上的文件和图纸被吹得飞舞起来。

"总设计师。"

谢尔盖头也不抬地说："把门关上。"

"好的，总设计师。"

谢尔盖完成滑尺计算，匆匆用铅笔把答案记在纸上，然后从桌面抬眼看了看。一个年轻的男人——实际算是男孩——站在他面前，抱着一捆柴火。

"总设计师，我又拿来了些柴火。"

谢尔盖指了指他右边的砖炉，男孩把柴火轻轻地放在了那边。

"要我加点柴火进去吗？"

谢尔盖点了点头，男孩把三根切好的松木枝放到了红木炭上。

"总设计师。需要我再为你做点什么吗？"

谢尔盖摇了摇头。

"咖啡？面包？我听说今天我们有点黄油。"

"不了，谢谢。现在你可以走了。"

"好的，总设计师。"

男孩离开了，把门在身后牢牢地关上。

谢尔盖放下铅笔，揉了揉眼睛。这时他还不知道解决方案，也许要一天后或者两天后的早晨才知道。他和他的工程师们在新液体燃料火箭发动机上遇到一个热传导难题，问题的答案始终没有找到。谢尔盖看向他的右手边，注意到有克格勃成员送来的三本美国杂志。从 1952 年 3 月刊开始，这是《科利尔杂志》同沃纳·冯·布劳恩一起描绘载人航天愿景的前三期。随着杂志一起，克格勃还提供了所有航天相关文章的翻译。他立刻开始阅读，对于科罗廖夫来讲，沃纳·冯·布劳恩脑海里的信息比金子还珍贵。谢尔盖对他读到的内容感到十分惊奇。冯·布劳恩的理论和提案都非常勇敢、大胆且令人震惊。当谢尔盖最近才开始考虑将人送往月球的可能性时，冯·布劳恩已经着手实施火星的计划了！这真是让人难以置信，且只意味着一件事：由沃纳·冯·布劳恩掌舵，美国人肯定在筹划着世界第一颗人造卫星的发射。

现在的问题是，谢尔盖·科罗廖夫已经对自己和祖国许诺了这个"第一"的荣耀。

悬挂在他头上的 40 瓦灯泡突然变得微弱，谢尔盖可以听到外面的发电机变慢并发出噼啪声。大概持续了几秒钟后，发电机恢复了正常的震动声，电灯也变亮了。他转头看了一眼远处的墙，上面钉着大幅设计图纸，明了地展示着 R-7 火箭的全部设计。[2] R-7 的设计由一个大型核心火箭以及周围捆绑的四个大型可抛弃助推火箭构成。全部组装好后，这将是一个底座 34 英尺宽的家伙——比即将设计好的"土星 5 号"（Saturn V）还要宽一英尺，高度接近

100英尺。为了节省经费，R-7将总共装配20台发动机，比美国人即将开发的发动机小得多，因此也便宜得多。发动机将煤油和液氧作为燃料，这种组合有一天会被美国人在阿波罗计划中模仿。加满燃料后，R-7有280吨重，能够将5000千克的负载带入地球轨道。这也是沃纳·冯·布劳恩能够打造的那种火箭，如果美国人放手让他去做的话。

谢尔盖将他的注意力转向工棚小小的窗户，温度计就挂在玻璃窗外。水银指针显示现在是零下13摄氏度。

迄今为止，美国关于太空目标发布的官方消息，只有他们会在即将到来的国际地球物理年发射卫星，而这还有四年之遥。谢尔盖在政治局内部的顾问想对他们的卫星计划保密，但一旦美国人宣布了相关计划，苏联的国际荣耀便受到威胁，所以苏联政府感到他们没有别的选择，只能以同样的方式回应。

谢尔盖一页页翻看了《科利尔杂志》，又一次对描绘着沃纳·冯·布劳恩计划和梦想的图像大为赞叹，这些图像和描述让他备受启发。但是谢尔盖·科罗廖夫并不了解美国娱乐文章和实际项目计划之间的差别。他假设至少部分在《科利尔杂志》上读到的内容，已经画在了某处的设计图纸上，并向开花结果迈进。讽刺的是，他的误解将不仅坚定他继续朝着自己设定的目标努力的决心，而且使他加倍努力，在感知到的对手面前实现目标。苏联的总设计师放下了杂志，捡起他的滑尺，开始了他的下一次计算。

8 竞　争

意见分歧成就了赛马。

——马克·吐温（Mark Twain）

苏联并不是仅有的火箭建造者，这迫使冯·布劳恩时刻保持警惕。在他刚适应的国家里，就有两枚火箭与他的"红石号"争夺轨道发射的关注度。冯·布劳恩不知道的是，正如他设想的一样，他鼓吹进一步进行火箭研究的重要性并没有被置若罔闻。他向他的美国顾问提交了关于这项新技术重要性的战后报告，此后美国海军和空军都很快启动了各自的秘密项目。

始于1946年，海军研究实验室开始设计和建造一类可靠的火箭，最初被称为"海王星号"（Neptune），后续更名为"维京号"（Viking）。尽管只有V-2一半的能量和重量，但是几乎所有"维京号"的重要设计都是从冯·布劳恩的火箭那里抄袭的。它的两位设计师米尔顿·罗森（Milton Rosen）和恩斯特·克劳斯（Ernst Krause）起初在布利斯堡拜访了冯·布劳恩，从他那里套取了相关设计理念和信息。这个德国科学家毫无保留地回答了他们的问题，提供了所有他们需要的技术细节，但是海军研究实验室拒绝报答他，决定在项目过程中将冯·布劳恩排除在外。但是一旦"维京号"火箭建造好之后，开始在白沙基地与 V-2 一起进行飞行测试时，相关细节就很难在冯·布劳恩和他的德国工程师面前保密了。

这些德国人是"维京号"项目诸多技术的提出者，被该项目排除在外肯定使他们苦恼不堪。但是侮辱将演变得更甚。当 20 世纪 50 年代来临时，海军正严肃地计划在"维京号"上面设计第二子级，以构成一个卫星运载火箭。他们可发射卫星的火箭被称为"先锋号"（Vanguard），冯·布劳恩立马认出这是什么：美国陆军"红石号"的直接竞争者。又一次，他和他的工程师们被众人忽视了。

对于沃纳来讲，"维京号"和"先锋号"进一步证明了美国人还不把他当回事。不幸的是，对他的能力缺乏信心，同害怕他的参与可能带来的政治后果混杂在一起，部分阻碍了沃纳的创造。沃纳·冯·布劳恩是一位有着远大理想的梦想家，事实上，他的梦想太大了。在《科利尔杂志》的 10 月刊上，冯·布劳恩描述了一种近地空间的未来，这一设想太大胆了，即使世界上每个国家都贡献资金，也难有足够的经费支撑这个设想的实现。他声称人类第一次登上月球将包括三艘太空飞船和 50 名船员。飞船可以在地球轨道的空间站上来建造，将花费六个月时间（当然，也需要造空间站）。每艘飞船会有 160 英尺长、110 英尺宽。[1]宇航员的太空舱将有五层楼高。一旦登上月球，三艘飞船中的一艘可以被改造为永久的月球基地。在用几个漫游航天器探测完月球后，这 50 名船员可以乘坐剩下的两艘飞船返回地球。[2]由于当时的太空工业还处于萌芽阶段，这个宏伟的计划玷污了他当下的名声，助长了不让冯·布劳恩参与任何美国太空计划的想法，以免美国政府破产。

而在实用火箭科技的世界里，冯·布劳恩未来的影响力和项目参与度也让人担忧。"维京号"/"先锋号"有几个设计创新，在一段时间后，将被证实为在德国火箭基础上的重大改进。为了减少重量、改善性能，不同于 V-2 的独立油箱，"维京号"/"先锋号"的推进燃油箱被集成进机身中，这需要有力的上层结构来承托这些油箱。另外，海军的火箭采用了万向架固定式火箭发动机，即通过转动火箭发动机来为火箭提供转向力。而 V-2 采用的是延伸进火箭排气管的偏转叶片来提供转向力，这是一种不太高效的设计。[3]

空军也不甘落后，带着自己的设计参与到竞争中。空军采取了一个看起来在暗示他们不信任陆军"红石号"火箭的行动，开始了自己的洲际弹道导弹迭代工作。空军火箭由康维尔公司打造，根据康维尔的母公司而将其命名为"阿特拉斯号"（Atlas）。"阿特拉斯号"火箭与 R-7 有一些共通的主设计细节。像科罗廖夫的火箭一样，"阿特拉斯号"有一个主火箭，可以从发射地飞到最终目的地。它没有串联级，而是使用了几枚可在高层大气中丢弃的捆绑式助推火箭。[4] 事后证明，空军进入火箭业的决策对载人航天非常关键，因为尽管沃纳·冯·布劳恩倾向的串联级设计最终将赢得未来登月任务的青睐，但要将第一个美国人约翰·格伦（John Glenn）送入轨道，就要靠"阿特拉斯号"了。事实上，"阿特拉斯号"不仅将最后四位"水星计划"的宇航员发射上天，还将注定成为美国未来卫星事业的老黄牛。

在沃纳位于汉茨维尔的办公室中，他可以感受到其太空旅行梦想又一次破碎了。显然他并不满足于作为大尺寸液体燃料火箭技术的发明者，这个圈子在没有领头人的情况下继续前进。摆在冯·布劳恩桌子上的情报显示：苏联明显在建造用于大型火箭的必要基础设施，并且是以疯狂的步伐在建。在美国，他不仅要与日益不满的德国同事争辩，还要与资金充裕的海军和空军火箭项目竞争。沃纳觉得很奇怪，不能理解陆军为何无法获得与海军和空军同等的资金。他是否搭上了驶向错误目的地的列车？尽管空军的"阿特拉斯号"项目至少落后于"红石号"两年，但在战后，与陆军相比，空军的预算请求显然被给予了更高的优先级。"阿特拉斯号"将很快追赶上来，并超过"红石号"。

在绝望中，冯·布劳恩开始考虑如何避开这些阻碍他、使他行动迟缓的力量。他在思考，是否可以将他目前能接触到的、已有的陆军火箭项目拼凑起来，变成一个可行的卫星发射工具。他有"红石号"的主子级作为推进器。但要在上面加装什么，才能将负载推进得足够高（至少150英里）且足够快（1.7万英里/小时），从而可以进入地球轨道呢？在陆军的库房里，有一种小型固体燃料弹道导弹，叫"洛基"（Loki）。它的直径只有几英寸，以任何标准来看这都不足以实现他的目标。但在他迫切想做点什么的意愿下——做任何事都行——冯·布劳恩开始构思了一个不顾一切的轨道发射计划。他设想，用"红石号"作为第一子级，创造一个四级火箭。第二子级是 19 枚洛基导弹和一个装在上方的小型卫星构成的集合。这是一个复杂的混合体，充满了无数失败的可能，但可以快速成型，且费用低廉。1954 年 6 月 25 日，冯·布劳恩和他的员工向海军和陆军高级官员做了正式展示，介绍了他提议的接地气的卫星火箭，以及相关的建造发射计划。事实上，这一想法在指挥系统中被热情地宣扬了一段时间。然而，最终，更明智的领导人和跨部门政治占了上风，这个想法被抛弃了。[5]

在华盛顿，正舒服坐在海军研究实验室的"先锋号"项目总监米尔顿·罗森也能感觉到背后激烈的竞争。他和冯·布劳恩、科罗廖夫一样，属于少数能理解真正的竞赛正在进行中的人，而且他也决心赢得这场竞赛。他向自己保证，"先锋号"将是带着世界第一颗卫星进入地球轨道的火箭。有了美国火箭协会、通用电气、国家科学基金，当然还有美国海军作为后盾，罗森感到参与卫星竞赛并且获胜的所有条件都已具备。

但他没有的是耐心和实操的火箭经验，"先锋号"的一系列重大失败将很快到来。

同一时期，几乎所有美国人都不知道的是，苏联正在经历个人之间、部门之间、政治家之间以及军队分支之间的内讧。尽管科罗廖夫有着多项成功纪录，但是其他火箭团体的拥护者也获得了政府的注意，并为他们的项目赢得了大量卢布。

米特罗凡·涅杰林（Mitrofan Nedelin）因为他在"二战"时期

出众的军事表现，被授予"苏联英雄"称号。在战后，他迅速发展了自己在火箭方面的兴趣，并在后来颇具影响力地说服苏联当局接受了他的观点：德国拥有正确的技术，只是没有充裕的时间和金钱。他声称大型火箭是携带战斗部飞越长距离到达苏联敌方最好的方式。不久后，他就控制了一些火箭的预算。

尽管每次科罗廖夫的火箭获得成功的时候，赫鲁晓夫都会在公开场合祝贺苏联。但私下里，他对于科罗廖夫选择了不能长期存储的推进剂而不满。所有科罗廖夫的火箭都采用了只有非常短保质期的液氧。不论科罗廖夫的火箭多巨大，但因为使用了不能存储的推进剂这个缺陷，所以不能作为有效的洲际弹道导弹。为了能够像洲际弹道导弹一样工作，火箭必须能够在装好燃料后，直立存储数月或者数年后也可以发射，这就意味着它需要可存储的推进剂。赫鲁晓夫曾以为他在资助武器，但现在开始感到自己被科罗廖夫欺骗了，在某种程度上的确如此。

米哈伊尔·杨格尔（Mikhail Yangel）入局了。曾作为科罗廖夫的替补选手，杨格尔在 1952 年被提拔为比科罗廖夫级别更高的火箭工程师，进入了 NII-88 研究所。这是一个掌管导弹和太空政策的重要职位。在向赫鲁晓夫展示了一个洲际弹道导弹的设计后，杨格尔成为他的亲密顾问。这一设计可以采用可存储的燃料——将肼作为燃料、将四氧化二氮作为氧化剂的自燃推进剂。[6] 他开始利用自己对赫鲁晓夫的影响力引导火箭经费的走向，而他自己则成为经费的几个主要获得者之一。不久，杨格尔开始将大量苏联火箭预算从科罗廖夫那里拿走，这使得谢尔盖非常气愤，迫使他在游说政治局上花费了很多时间。我们永远不会知道，如果人类在这一时期更多地关注科学发现，而不是与武器有关的政治竞争，那么人类在太空可能取得什么样的成就。

最终命运会帮助科罗廖夫取得对火箭研究经费的更多控制权，并且是以一种惊人的、致命的方式。

涅杰林和杨格尔的项目远远落后于他们许诺的进程。在1960年春天，赫鲁晓夫开始责难他们，因其还没有按承诺交付采用可存储推进剂的洲际弹道导弹。赫鲁晓夫要求对这个被他俩称为"R-16"的火箭进行展示发射，时间定为"今年秋天"。涅杰林和杨格尔知道他们的火箭难以如期准备妥当，但是又不敢与最高领导人讨价还价。他们只能推进，抄近道，冒几个计算过的风险，将第一次发射定在了10月23日。

在发射准备过程中，涅杰林和杨格尔发现德国人好几年前就知道了酸性氧化剂并不是真的可以存储很长时间。它们会腐蚀最好的材料，会从最好的阀体中泄漏，它们将带来数不尽的由中毒引起的头痛。他们向赫鲁晓夫做出的承诺不过是幻象。当200人紧张地在拜科努尔发射中心工作时，那里发生了系统氧化剂泄漏，涅杰林命令手下通宵进行维修。为了节省时间，他命令维修工作同火箭一起在发射台上进行，燃料箱里还满满地装着火箭推进剂。而正确的流程要求燃料箱清空后，才能进行这样的维修工作，但是涅杰林只关心尽快进行发射。在他的脑海中，将危险的推进剂清空，过会儿又重新装上，是对宝贵时间的浪费。为了确保地面工作人员没有磨蹭偷懒，他在离发射台 30 米远的地方放了个凳子，并坐在那里近距离观察每个人的工作，确保没有人懈怠。负责拜科努尔人造卫星发射基地的少将康斯坦丁·格奇克，催促涅杰林撤回到一个更安全的位置。当时的情况非常危险，但是根据格奇克的回忆和苏联火箭的传说，涅杰林根本无所畏惧，告诉格奇克："这有什么好怕的？我不是员工吗？"[7]

早上，涅杰林签署了 R-16 的适航文件，并命令手下开始发射倒计时，但是倒数到零的时刻永远没有到来。在计划发射的 30 分钟前，一个错误的指令被发送到了上一子级，并点燃了发动机。火球点燃了安装在下一层的第二子级推进剂。然后，像多米诺骨牌一样，数个巨大的爆炸性火球向下滚动，吞噬了火箭和半径 100 米内的所有东西。杨格尔从火海中成功逃离，他当时正在掩体里抽烟。但是，米特罗凡·涅杰林元帅就没有那么幸运了。他坐在离火箭 30 米远的凳子上，整个身体都蒸发了，事后能找到的残骸只有别在他制服上的战争勋章。[8]

几年后，事故相关的消息才传到美国。官方清点的死亡人数为 92 人，但目击者称，实际死亡人数应该接近 150 人。

对于科罗廖夫而言，他只需要继续建造火箭。现在没有涅杰林挡在道上，科罗廖夫的预算很快充实了起来。

老约瑟夫·肯尼迪（Joseph Kennedy Sr.）在电影产业中积累了

很多财富。早在第二次世界大战之前，他就计划利用他的影响力和资本，将他的大儿子小约瑟夫·肯尼迪（Joseph Kennedy Jr.）推向政坛。肯尼迪家族的元老和沃纳·冯·布劳恩很像，都有着非常大胆的梦想和目标。老肯尼迪的目标之一就是帮助他的儿子获得巨大的政治力量，成为美国第一位天主教总统。但是受到命运的阻挠，小约瑟夫这位飞行员，于1944年在战时太平洋上空的一次事故中遇难了。老约瑟夫悲痛了很长时间，但最终成功地使他清醒的头脑转向二儿子。1946年，在约翰·肯尼迪从太平洋返回故土后不久，老约瑟夫就利用他对赫斯特报团的影响力为约翰谋取了一个新闻工作者的职位，一份可以给他提供高公众关注度的工作。

但是，这份工作并没有持续太长时间。老约瑟夫又一次利用自己的影响力，说服了第11选区的国会议员詹姆斯·柯利，让他退任去当波士顿市长。尽管在今天看来，这种行为可能被认为是很不道德的。在接下来的第一次国会议员选举中，11位民主党候选人自愿参加选举，约翰也是其中之一。他的父亲不仅资助了他的选举，还管控得非常好。在老约瑟夫财富和影响力的支持下，约翰赢得了12%的选票——数量不多，但比其他候选人都多，这就足够了。但是这只是第一次选举，他还需要打败共和党对手。[9]

老约瑟夫费力地往儿子的选举中掷入25万美元（大约相当于如今的200万美元）。约翰的选举稳扎稳打，特别是在工人阶层的选区。他有着战争英雄的形象，外祖父霍尼·费兹40年前在同一国会供职，这些条件都对他有利。但是对他不利的是，他仅29岁的年轻形象和经验的缺乏。与专业的公共关系公司一起，肯尼迪家族非常聪明地将约翰的年轻通过一个简单的标语转化为一项财富："新一代人提供了一位领袖"。老约瑟夫看到这句标语和儿子英俊的照片出现在各个地方，用广告牌和邮件轰炸着整个选区。

在一个拥有众多民主党拥护者的选区中，政治悟性高、富有和战争英雄的形象都被打包在了这个运行精良的选举活动中，使结果几乎成了定局。在大选中，约翰·F.肯尼迪轻松打败了他的共和党对手。

在国会中，肯尼迪树立了政治温和派的形象，很多史学家后来认为他不像典型的民主党人士一样自由开明，而应归属于更为保守的一方。

在国会议员肯尼迪供职过的三个任期中，他被指任为房屋及劳工委员会和退伍军人事务委员会委员——这两件事都可以提升他的政治能见度。像约翰·肯尼迪一生中的很多其他关键事件一样，这两个指任都是他父亲精心安排的，他父亲继续为家族的利益果敢地利用自己的影响力。

起初，太空问题本不在国会议员肯尼迪的注意范围内。他更关心服务选民的细枝末节，而不是人造卫星和太空旅行的宏伟愿景。但是对于苏联力量的崛起以及一个184磅重、被称为"伴侣号"的轨道卫星的担忧，迫使他转移了注意力。

9 演出终结者

在选举年内，预计不会有任何戏剧性的行动。

——沃纳·冯·布劳恩

在对设计做了多处调整后，如增加了燃料箱尺寸使其可实现150秒的燃烧时长，沃纳·冯·布劳恩和他在汉茨维尔的工程师同事们知道，他们有了美国境内独一无二的东西：一个可以把卫星送往地球轨道的火箭。

现在只有一个问题。

为了使"红石号"抵达地球轨道，冯·布劳恩的团队计算出推进器需要更有能量的燃料。对于冯·布劳恩来讲，氧气/酒精的推进剂组合在过去20年中非常好用，但是在即将实现的高性能火箭中就不够好用了。德国人计算到他们需要将推进剂的性能提升至少7%，才能将一个很小的负载送入地球轨道。[1] 冯·布劳恩的团队由世界上几乎最好的火箭工程师组成，但是没有一人能提出一种推进剂组合，不仅可以提供他们需要的推力，而且可以适配现有的火箭硬件。

这样的性能缺陷开始成为美国第一颗卫星发射尝试的瓶颈。这个瓶颈不久后就成了美国国家航空航天局（National Aeronautics and Space Administration, NASA）口中的"演出终结者"——一个如果不解决就将"终结整场演出"的问题。[2]

在绝望中，冯·布劳恩的团队收到了来自北美航空公司的合同，他们提出了一个可以给予额外 7% 性能的方案（北美航空公司正是推进器的打造者）。本质上来讲，这也是最优最可行的短期解决方案。

这份合同落在了北美航空的研究部经理汤姆·迈尔斯的桌上。有数百位工程师候选人可以来监督这个项目，包括多个资深的化学家。最终他决定将此重任交给一个从来没有领导过重大项目的人——公司中最顶尖的理论性能专家。她是少数几个没有大学文凭的人，也是公司里唯一一个女工程师。她的名字是玛丽·谢尔曼·摩根（Mary Sherman Morgan）。[3]

玛丽·谢尔曼于 1921 年 11 月 4 日出生在北达科他州的一个乡下农场，家里九个孩子中排行倒数第二。当她到上学的年纪时，她父亲拒绝将她送去学校，因为他坚信女儿不需要接受教育，更适合照看农场奶牛。这反倒使玛丽从小便有了强烈的上学愿望。当社工开始干预时，玛丽的父亲说她不能去学校是因为"要过河才能到学校，太危险了"。这位社工后来为玛丽向北达科达州申请了一匹马，让她能够每天早上骑马去学校。在威廉姆斯县法律诉讼的威胁下，谢尔曼一家终于让玛丽在附近的学校入学了——一所只有一间教室和 18 个八年级学生的学校。

玛丽的老师带她进入了化学的世界。当玛丽上高中时，她就决心成为一名化学家，进入一个几乎由男性统治的领域。在俄亥俄州的一所大学学习了两年后，她的学业被"二战"打断了。她被招募到附近的梅子溪军械厂工作。尽管她从未完成大学学业，但凭借在梅子溪的化学工作经验，她于战后进入了北美航空公司，在加利福尼亚州英格尔伍德的新火箭基地工作。

在北美航空工作几年后，玛丽将自己打造成了一个新奇火箭推进剂研发的万事通。正是这一特殊领域的专长，使汤姆·迈尔斯指派她负责"红石号"推进剂合同。

在数月的努力后，玛丽和她的两个同事推出了一种火箭推进剂，叫作"鸡尾酒"（Cocktail）。他们告诉冯·布劳恩，保留液氧作为氧化剂，但将酒精燃料替换为60%的非对称二甲基肼（UDMH）和40%的二乙烯三胺（DETA）。

UDMH自身可以给"红石号"提供充足的特定推力，将火箭送入轨道，但是UDMH有一个缺陷：它的密度太小了，使火箭燃料箱难以装载足够质量的UDMH。DETA自身并不能提供足以将火箭送入轨道的能量，但是它密度足够高。玛丽想出了把两种推进剂混合在一起的主意，这可以充分利用它们的优点——UDMH更大的能量以及DETA更大的密度。冯·布劳恩的合同要求7%的性能提升，很多工程师都认为这不可能实现。但是玛丽的"鸡尾酒"给火箭提供了让人惊讶的性能提升10%的可能性。

北美航空第一次混合了一批玛丽的"鸡尾酒"，在"红石号"

的发动机中运行，发动机产生了燃烧不稳定的问题，测试站的自动化系统在点火工作了几秒后，就关闭了发动机。而合同中要求系统不仅要可靠工作，还要持续燃烧至少 150 秒。北美航空又花费了好几个月进行令人挠头的试错测试，才实现了合同的所有要求，并让"演出终结者"有所突破。

当陆军询问玛丽想如何称呼她的发明时，她说"贝果"。根据这异想天开的想法，"红石号"将由"LOX 和贝果"提供动力。但美国陆军并没有接受她的幽默，最终将她发明的推进剂称为"海代恩"（hydyne）。[4]

当"红石号"的"演出终结者"问题被解决后，大街小巷开始充斥着与美国羽翼未丰的太空计划相关的传言，宣扬着美国将很快把世界第一颗人造卫星送往太空。

10　喧　嚣

一场巨大的恐慌正在蔓延，国会议员和新闻记者带领着一大群人向天空咆哮。

————汤姆·沃尔夫（Tom Wolfe）

《真材实料》（*The Right Stuff*）

　　在苏联人发明的众多火箭技术中，被抄袭最多的是在大型吊架内以垂直飞行的姿态进行预装火箭的技术，预装后的火箭将被慢慢牵引到发射台上。NASA 有一天也会采用这个方法，但是苏联首先发明了它。在 1957 年 10 月 4 日早上，苏联的总设计师谢尔盖·科罗廖夫随意地走在巨大的牵引平台旁，上面正在牵引他的 R-7 火箭及其卫星负载。到发射区域的行程要将近一个小时，在这个小时里，他不想让其他任何人照看他的"新生儿"。

　　一旦火箭抵达发射区，装好燃料并为飞行做好准备后，科罗廖夫就按照苏联的习惯，把发射控制权交给军方。发射人员的领导是亚历山大·诺索夫上校，他每隔几分钟就宣布一次发射倒计时时长，直到最后只剩 60 秒。"一分钟后发射，"他宣布，"插入发射钥匙。"

中尉鲍里斯·谢库诺夫将一把钥匙插入了命令控制台并转动了它，准备发射序列。"钥匙已插入。"谢库诺夫说。

诺索夫命令用气态氮对发动机供给管线进行净化，以便冲洗掉推进剂装填过程中可能残留的任何燃料或氧化剂。"插入排放钥匙。"诺索夫说，谢库诺夫得令后关闭了液氧释放阀。

保管线得到充分冲洗，花了两分钟时间。然后诺索夫发布号令："发射！"

谢库诺夫按下了按键，像倒下的多米诺骨牌一样，触发了一系列自动化程序。阀门被打开，气态氮气开始对两个推进燃料箱增压。脐带电缆连接被收回，火箭由内部电池开始供电。燃烧室内的点火器被打开，涡轮泵被激活，将推进剂送往燃烧室，点火器将推进剂点燃。火焰像倒立的漂亮火山，从火箭发动机喷嘴倾斜而下。

"第一子级！"当涡轮泵有条不紊地全力工作到满载功率时，诺索夫喊道。

火箭开始了笨拙地向上爬升。

"发射！"

1957 年 10 月，未来的畅销恐怖小说作家斯蒂芬·金（Stephen King）只有十岁。有一天，他坐在电影院里，被一部由休·马洛和琼·泰勒领衔主演的科幻电影迷住了，这部电影叫《地球与飞碟》（*Earth vs. the Flying Saucers*）。电影讲述了外星人妄图占领地球的故事，他非常喜欢。突然，投影机关闭，幕布变黑，灯光亮起。电影院的经理走了进来。他向大家宣布，苏联刚刚发射了世界第一颗卫星，叫作"伴侣号"。

"就在这个时刻，"经理说，"它正在我们上方，围着地球飞行。"

斯蒂芬·金回忆，这条新闻得到了像"坟墓一样绝对安静的反应"。[1]

就在苏联将"伴侣号"送上轨道后的第一个清晨，美国人在抑郁的恐惧中醒来。美国人的傲慢与自负非常高调，他们把苏联看作一个落后的国家，和任何先进的科技都对不上号。所以，当美国人在10月5日早上醒来时，他们感到震惊、愤怒和一点点害怕，对苏联过去的印象及美国优越性的假设都产生了深深的质疑。

但是，没有人会比威廉·H. 皮克林（William H. Pickering）更惊讶。皮克林是位于帕萨迪纳的喷气推进实验室（Jet Propulsion Laboratory，JPL）刚上任的领导，他作为国际地球物理年的国际科学家，在华盛顿待了一周，参加 IGY 的集会。参会代表充满了期待，很多人都希望打听到世界第一颗卫星试射日期的消息，不论是由美国还是由苏联来发射。但直到那一周快结束时，任何一方都没有发布消息。在大家都将收拾行囊前的周五，苏联大使馆举办了一个大型鸡尾酒会，皮克林、大多数代表以及新闻媒体都受邀参加。《纽约时报》的沃尔特·沙利文将几位美国科学家叫到一旁，询问在酒会上有没有人提到过苏联卫星发射的事。因为没有人回答，皮克林将苏联领头科学家阿纳托利·布拉贡拉沃夫拉到一旁，问他现在苏联是什么情况。布拉贡拉沃夫承认：在几个小时前，苏联刚刚成功发射了世界第一颗卫星。美国人向苏联人祝贺，每个人都喝得酩酊大醉。[2]

皮克林愤怒地离开了酒会。因为他像沃纳·冯·布劳恩一样，知道如果美国政治家没有将精力聚焦在"先锋号"上，而是放在冯·布劳恩现成的硬件上，美国人可以早在18至24个月前就把卫星发射升空了。皮克林回到帕萨迪纳，发现JPL的所有员工都非常沮丧。

在醒来就听到"伴侣号"消息的人中，没有人比沃纳·冯·布劳恩更加不安。他的挫败感非常明显。他的整个余生都将活在一个阴影中——有人创造了他本可以达成且应该达成的纪录。冯·布劳恩不知道的是，未来还有更多让人沮丧的早晨，都是拜谢尔盖·科罗廖夫和他的工程师们（很多工程师还是冯·布劳恩亲自培养的）所赐。

在整个美国，喧嚣立即开始了。

首先从媒体开始。并未等太长时间，美国媒体就开始触发争议，散布着无端的恐慌，而这种恐慌似乎自然而然地蔓延到全国。一个广为流传的故事是两个国家都在10月4日发布了重要新闻：苏联发射了第一颗卫星，而美国发布了电视剧《天才小麻烦》第一季。接下来的几个月，美国媒体费力将"苏联比我们领先"的话题压了下来。公众中弥漫着对"苏联的科技更优越"这种论调的愤怒，报纸、广播和新出现的电视媒体都对公众的这种愤怒情绪煽风点火。平心而论，这些愤怒的火苗值得被煽动，因为美国拥有世界上最优秀的火箭科学家，要不是在政治和太空政策上举棋不定，比苏联早两年就能发射卫星。

尽管苏联在火箭上比美国更具先进性，但美国很快证明，在资本投机方面，他们比苏联领先很多。生意人意识到了一个问题：如果苏联可以发射一个围着世界转的物体，那它必定也可以将原子弹送入美国腹地。所以广告牌和报纸很快充斥着建筑公司的广告，提供"后院炸弹庇护所"建造服务。如何建造这类庇护所的手册也成了畅销书。

让美国政治家和政策专家感到沮丧的是，苏联的卫星及其公众形象都显得温和无害。这不是一个武器，只是一个用于科学实验的简单球体，装的是没有加密的无线电，公开地发送"哔哔哔"的信号，每个有短波收音机的人都可以接收到。在晚上的特定时间，甚至可以用裸眼看到这颗卫星，从头顶静静地飞过。这是一个不具威胁性的公共景观，是全人类都可以不费吹灰之力参与的团体体验。

艾森豪威尔（Dwight D. Eisenhower）总统经常被认为创造了"太空竞赛"这个词，但可能没有人知道是谁第一个提出这个词。不论它起源于何处，媒体立刻对它产生了浓厚的兴趣，它的发音朗朗上口，简直让人无法拒绝。但是这个词有一点误导性。我们所说的太空竞赛，其实不过是人类几千年来的科技竞赛中的最新科技竞赛。几个欧洲国家能够对其他地方和人口进行殖民统治，就是因为它们赢得了像造船、火药、步枪、野战炮这样的科技竞赛。

因为这样的竞赛之前经常发生，美国和苏联都立刻明白了，如果他们没能赢得竞赛或至少赶上领头羊的话，他们的生存可能受到威胁。几个世纪以来，科技竞赛在催生秘密间谍活动方面，比其他任何事扮演的角色都更重要。两个国家开始加强了间谍活动。

在"伴侣号"这件事上，公众变得愚蠢，而媒体又助长了这种愚蠢，军队开始在受宠的火箭项目和间谍飞机上索要更多的经费，政治家们开始穿过走廊嚷嚷着：这就是美国在 1957 年 10 月的状况。

除非你住在莫哈维沙漠，才能知道这场喧嚣的愚蠢。

位于加利福尼亚州干燥沙漠中的爱德华兹空军基地中，尚未出名的试飞飞行员，如查克·叶格、斯利克·古德曼、伊芬·金切洛伊、乔·沃克和斯科特·克罗斯菲尔德，同其他人一起，已经对火箭发动机驱动的飞机进行了几年的测试。早在 1947 年 10 月，"伴侣号"发射的十年前，查克·叶格驾驶装有火箭发动机的"贝尔X-1"（Bell X-1），成为突破"音障"的第一人。对于爱德华兹基地的飞行员来说，人造火箭发动机推动的飞行器已经老掉牙了，他们在等待下一代的火箭飞机从生产线上下线——可以让人类进行太空旅行的火箭飞机。最令人期待的新一代火箭航天飞机是沃尔特·多恩伯格创造的"X-15"——由北美航空公司设计，目标是将一人带到离地50英里的高空，这也是官方划分的太空起点高度。一旦"X-15"造出来了，人造飞行器进入太空将变成日常，几乎会成为司空见惯的事。另外，这些飞行员意识到"X-15"是更具野心的飞行器的先驱，"X-15B"已经在计划中。"X-15B"将会装配巨大的主子级，可以将两个人送往太空，围绕地球飞行好几圈，然后允许飞行员像驾驶普通飞机一样返回地球，并用轮子着陆。这比航天飞机早了几十年。所有这一切以及更多的可能性都在"伴侣号"升空前被讨论着、计划着，而且部分地进行了工程实现。但是爱德华兹基地所有的项目都是高度保密的，又隐藏在安静遥远的沙漠中，它们既不被人看到，也不被人想到。除了潘乔·巴恩斯的"快乐底乘俱乐部"的飞行员团体外，很少有人知道发生了什么。控制爱德华兹基地项目的军方官员和参与这些项目的飞行员，对政治现实一无所知，这很快就会成为一个主要的不利因素。每天早上，他们醒来开始日常"挑战极限"的工作，至于是否应该让美国纳税人和选民了解他们正在取得的成就的一些细节，这个他们一点儿也不关心。所有这些成功都被秘密隐藏，为"伴侣号"造成的骚动和疑惑创造了完美的温床。

所以，当美国在为苏联的圆球喧闹时，叶格、古德曼、克罗斯菲尔德和其他飞行员有一个大疑问：小"伴侣号"卫星重 184 磅，"X-15B"将重达 15 吨。他们吵吵闹闹到底是为了什么？

在 2000 英里外的汉茨维尔，冯·布劳恩很清楚这场喧嚣是怎么回事。人造卫星改变了每个人的一切，即使没人意识到。沃纳更加努力地将一颗卫星送入轨道。在帕萨迪纳，皮克林正在筹划如何通过发射一艘登陆月球的机器人飞船超越苏联人。他称之为"红袜行动"（Operation Red Socks），听他解释这一想法的所有人都同意这将是对"伴侣号"卫星的可行回应。所有人，也就是说，直到提案传到华盛顿，才由五角大楼提出了反对意见。像艾森豪威尔总统一样，军方高层仍然偏爱"先锋号"，而不是"红石号"。在新的"电视名人"身份的鼓舞下，冯·布劳恩在他所到之处，尤其是在任何媒体聚集的地方，都会颂扬他的"朱诺"（Juno）火箭（"朱庇特"洲际弹道导弹的"文明化"版本）。艾森豪威尔回避了太空竞争的想法，并认为冯·布劳恩是在自私自利地鼓吹，对此他感到愤怒。"当军事人员开始谈论这件事，并声称其他导弹可以很快用来发射美国卫星，"总统在"伴侣号"发射后不久说，"他们倾向于让事情看起来像一场竞赛，这是完全错误的印象。"[3]艾森豪威尔可能是地球上最有权势的人，但他对地球上正在发生的变化毫无察觉。

在皮克林的热情和"红袜行动"破灭后，他决定是时候把他的鸡蛋放在正确的篮子里了。皮克林与詹姆斯·范·艾伦、冯·布劳恩和 JPL 合作，设计了一枚末级火箭和卫星，将其置于"木星-C"（Jupiter-C）助推器的顶部。他们基本上在为失败做准备，为"先锋号"的失败准备。这三人都深信"先锋号"在执行任务时会失败，于是他们做出了一系列决定，使他们的火箭成为非官方的"先锋号"后援。这是一个将以惊人方式获得成功的秘密计划。

1957 年 12 月 6 日，美国海军在卡纳维拉尔角组装好了最新的"先锋号"火箭。当倒计时到零时，发射序列启动，火箭上升到空中几英尺的地方就失去了推力，然后向后倒塌，在上方推进剂罐的重压下爆炸。在数百名媒体代表的注视下，火箭的巨大毁灭场景成了每家报纸的头条、上百家杂志的封面，以及此后数周的六点新闻。

命运往往不是注定的，而是来自良好的准备，范·艾伦、皮克林、冯·布劳恩已经准备好了。就像候补演员在等待他们的大好机会，他们走上台前。在"先锋号"爆炸后不久的华盛顿聚会上，冯·布劳恩向艾森豪威尔的一名内阁成员发出警示，宣称"'先锋号'火箭不会成功"！他接着夸口说，他和他的团队"可以在60天内发射一颗卫星"。[4]鉴于当时笼罩所有人的政治热度，他的宣言十分引人注意。

艾森豪威尔在"军事工业综合体"的告别演说中向公众发出警告：他误解了他的支持者，当然也误解了冯·布劳恩。他认为冯·布劳恩的演讲和鼓吹是其害怕军事工业联盟怪物的一个征兆。但是，尽管冯·布劳恩的官方联盟是美国陆军，但他实际上只忠诚于一个12岁的路德教男孩，这个男孩第一次通过望远镜看了看天空后，就开始梦想着自己建造火箭飞向月球。艾森豪威尔无法理解，一个有着孩子气梦想的人能够如此卖力地调动舆论和政策。在接下来的几年里，许多美国政客都会从这位德国侨民那里学到很多东西。

艾森豪威尔对太空计划、轨道卫星或德国人可能给美国带来的技术和太空成就缺乏热情，这一点将在美国第一颗卫星"探索者1号"（Explorer 1）成功实现轨道发射的当晚揭晓。就在午夜过后，白宫新闻秘书詹姆斯·哈格逊打电话告诉总统这一成功发射的消息。在谈到这是一项了不起的成就后，总统说："我们不要为此大肆宣扬。"当艾森豪威尔在白宫发表正式声明时，只是轻描淡写地说道："美国已经成功地将一颗用于科学研究的地球卫星送入绕地轨道。"[5]公告指出，这颗卫星是美国参加国际地球物理年活动的一部分，但没有宣告它的历史意义。他也没有提到任何关于太空竞赛的事宜。

然而，普通美国人的感受却大不相同。第二天早上报纸送上门口的时候，电台和早间电视节目报道这个消息的时候，举国欢庆。大家知道太空竞赛的存在，他们欢欣鼓舞，终于向世界其他地方表明：美国人不打算"在太空活动中沉寂"，正如几年后约翰·肯尼迪承诺的那样。

几乎立刻，沃纳·冯·布劳恩就开始在艾森豪威尔想要避免的"喧嚣"中煽风点火。他用了三种方法。首先，他告诉所有愿意倾听的人，他和他的工程师用"朱诺"火箭给美国带来了多么巨大的成功。其次，他继续燃起公众对未来太空旅行奇事的幻想。最后，他无耻地用恐惧来刺激那些对前两种方法毫无反应的人。他要确保恐惧蔓延到美国国会。在一次记者招待会上，当被问及"伴侣号"的发射是否意味着苏联人现在有能力用氢弹袭击华盛顿时，他回答道："对！"[6]冯·布劳恩在需要的时候可以很有戏剧性，但他也有幽默的天赋。后续，苏联发射了"伴侣2号"卫星，搭载了一只狗，表明苏联人正在为太空旅行研制生命保障系统。不久，一位记者问冯·布劳恩："你认为美国宇航员登陆月球后会发现什么？"沃纳回答说："苏联人。"[7]

艾森豪威尔在太空方面的短视似乎没有尽头。美国直到发射了第一颗卫星，才终于获得了一些可以吹嘘的夜晚，在此之前，一直只有苏联才有权利炫耀。这个国家和领导人本应为他们的成功而欢呼，甚至站在屋顶上高呼，然而总统想要的却恰恰相反。他被军队培养长大，很有军事头脑，却不是最好的政治家。当艾森豪威尔听说"伴侣2号"和"太空狗莱卡"时，他对其他人似乎认为这是非常重要的一步而感到沮丧。他回避了大家想进入太空探索和冒险的想法，希望把重点放在武器和防御上——弹道导弹。迪士尼公司播出的关于太空冒险的电视节目，由冯·布劳恩设想相关内容，迅速得到了美国民众的欢迎，但这在总统心目中完全是浪费金钱。他问道，如果在那里没有敌人的话，我们为什么要去月球？他的这种态度在20世纪60年代末更加坚定，即在"伴侣号"发射不到一年后，艾森豪威尔就秘密地支持建造了一颗后来被委婉地命名为"银河辐射背景"的卫星，这将成为世界上第一颗间谍卫星。

如今当提及"土星5号"月球火箭的时候，我们通常会把它与肯尼迪总统联系起来。但并不广为人知的是，艾森豪威尔总统在肯尼迪1960年大选胜利前，曾在他的办公桌上收到了这一项目的提议。NASA悄悄地向总统提出了将一名宇航员送上月球的计划，这一目标令艾森豪威尔感到担忧。他让他的科学顾问乔治·基斯蒂科夫斯基组织了一个六人委员会来研究这项提议。在肯尼迪就职前一个月，委员会的研究结果放到了总统办公桌上。当时预计的成本令人震惊：80亿美元。当艾森豪威尔和他的顾问讨论这个提议时，其中一位说："这不能满足他们。当他们完成这件事时，他们连其他行星都想去。"这番评论在房间里引起了哄堂大笑。[8]

在"探险者1号"驶入轨道两个月后，经常被人嘲讽的"先锋号"火箭将发射美国的第二颗卫星"先锋1号"。它将取得一系列令人瞩目的成功，成为世界上第一颗太阳能卫星。虽然"探险者1号"早已在地球大气层中被烧毁，但"先锋1号"的运行轨迹仍然非常稳定，NASA算出它还将继续绕地飞行十个世纪。然而，谢尔盖·科罗廖夫关于每个"第二"都将不可避免地被遗忘的预言，却被证明是对的：如今，几乎没有人记得，或者听说过"先锋1号"。

11 早期探测器

有些夜晚，狼是沉默的，只有月亮在嚎叫。

——乔治·卡林（George Carlin）

鉴于苏联20世纪50年代末和60年代初在太空领域的巨大领先，人们很容易相信历史上这样的说辞：苏联人给了谢尔盖·科罗廖夫他想要的一切，而美国科学家们却急需资源。这其实是无稽之谈。科罗廖夫早在1957年就想把人送上轨道，如果苏联的权力掮客给了他所需的资金、人力和设备，他可能已经达成目标了。实际上，苏联政府和美国政府一样，过于关注武器和洲际弹道导弹，他们认为建造载人飞船毫无意义。1958年，苏联最终授权科罗廖夫开始研制载人太空舱，但没有预算将其送上太空。苏联军方想要能够飞越美国和其他国家，并将间谍摄像机对准下方进行监视的卫星。苏联政府有着类似于艾森豪威尔的感受：宇航员们在太空中飞来飞去就像是在兜风。给科罗廖夫的信息直截了当："侦察卫星对祖国更重要。"[1]

后续事情将变得更糟。科罗廖夫最终失去了与赫鲁晓夫的直接联系，被迫通过中间人购买设备和物资。这只会进一步降低生产速度，使总设计师大为沮丧。

为载人飞船提供资金的请求被拒绝后，科罗廖夫采取了不同的策略。当美国人为"探索者1号"终于进入轨道而自鸣得意时，苏联人正计划发射第一艘离开地球轨道的太空飞船。科罗廖夫已经命令他的工程师们开始设计月球探测器——无人的机器人飞行器，这种飞行器可以环绕月球飞行，甚至可以在月球上着陆。这种工作重点的暂时改变是有实际原因的。如果苏联要把宇航员送上月球的话，迫在眉睫的是，他们必须知道着陆的场地是什么样的。月球地面是硬的吗？还是柔软的、粉状的，可能导致登陆的探测器下沉？机器人探测器将有希望提供答案。

科罗廖夫、冯·布劳恩和几乎所有从事过航天工作的人都了解探测器相对于载人航天器的优势。首先，结果与预算的收益比率约为10∶1，也就是说，你在探测器上花费的每一美元所获得的数据是载人航天器的十倍。另外，无人探测器不必包括生命保障系统和重返大气层的装置，可以节省大量的时间、重量和金钱。无人探测器还可以到达人类无法到达的地方，比如接近太阳或者飞至遥远的外围行星。不论对于当时的还是如今的太空科学家，即使得到巨额预算，在某些方面探测器仍将比载人航天器更具优势。

科罗廖夫从一开始就意识到探测器的优势，并一直对这种航天器有自己的想法。科罗廖夫的目标之一是观察月球背面的样子。数百万年来，潮汐力将地球—月球系统锁定为一种独特的舞蹈，即月球总是以特定的一面朝向地球，不论它们如何公转或自转。没有人见过月球的另一面。强大的望远镜可以告诉我们火星、土星和木星四面八方都是什么样子，然而我们最近邻居的远侧仍然是一个完全未知的地方。月球背面有什么？科罗廖夫决心去寻找，于是他开始计划一系列大胆的无人月球飞行和着陆。

　　然而，尽管苏联在太空方面处于领先地位，首次尝试将探测器送上月球的还是美国。1958 年 8 月 17 日，美国空军在发射第一颗卫星仅仅七个月之后，在 NASA 建立之前的两个月，就将一个名为"先驱者 1 号"（Pioneer 1）[2] 的月球探测器放在了"雷神"火箭上。[3] 但当空军的控制员按下发射按钮时，这枚"雷神"火箭却一动不动，甚至都没能从发射台升起。[4]

　　美国国家航空航天局和苏联各进行了三次月球探测器发射的尝试，但每次都因各种原因失败，主要还是因为推进问题。这两个国家都发现将科学视为一场竞赛，而不是一次探索之旅的诸多弊端。对快速进展的过多关注，加上过少的细致准备，导致了一种"急于求成"的心态。这将给两国带来一连串的失败。

　　直到 1959 年 1 月 4 日，苏联才终于取得了一定程度的成功。科罗廖夫的一枚火箭携带一枚名为"月球 1 号"（Luna 1）的星际探测器飞向月球，它将作为硬着陆宇宙飞船。[5]"月球 1 号"偏差了 6000 公里，错过了目标，它飞过月球，进入了太阳轨道，并至今仍留在那里。尽管这次尝试失败了，但这是第一次人造机器离开地球轨道，就这方面而言，它仍然是一个巨大的成功。

　　"月球 1 号"的飞越被视为两国八次尝试中的第一次成功，同时也证明了这项技术是多么年轻和不成熟。即使在那时，任务最重要的目标也没有实现。

六个月后，苏联的另一个月球探测器发射失败。然后在1959 年 3 月，美国成功发射第一个月球探测器。"先驱者 4 号"（Pioneer 4）在进入太阳轨道前，到达了离月球表面 3.7 万英里以内的上空。它的部分仪器失效了，这也是它被 NASA 总结为"部分成功"的原因。

曾经是太空竞赛第一名的唯一拥有者，苏联人发现自己处于一种更类似于蛙跳的竞争中；他们会先获得一次胜利，然后是美国人，然后是苏联人，以此类推。1959 年 9 月 14 日，苏联再次率先登月，"月球 2 号"（Luna 2）成功撞击月球，这是第一个"登陆"月球的人造物体。美国随后又进行了另一次月球探测尝试，最终以助推器火箭在发射台上爆炸而结束。

1959 年 10 月 7 日，苏联成功地将"月球 3 号"（Luna 3）送入环绕月球的轨道，并能让它拍摄月球远端的照片，这是月球探测器第一次真正的重大成功。月球背面将不再是一个谜，但前提是照片可以传送到地球，被接收并显示出来。

1959 年，所有的摄影技术都是基于化学感光乳剂的，那时尚未发明数码摄影。因此，为了让"月球 3 号"通过无线电将照片传回地球，它首先必须在飞船上远程冲洗照片。这些图像随后将通过无线电模拟信号发送到地球。

然而，科罗廖夫不久后从广播电台得到消息，他们在接收照片时遇到了麻烦。科罗廖夫一向是个亲力亲为的人，他叫了一些工程师和高级职员一起飞往克里米亚。他安排了一架直升机把他们送到广播电台，但恶劣的天气迫使这七人雇了一辆车和一个司机。在暴风雪中一番惊险的行驶后，科罗廖夫和他的随行人员到达了车站。当他们闯进门时，克里米亚的技术人员非常惊讶。因为科罗廖夫的身份一直是个保守得很好的秘密，电台技术人员一开始并不知道他是谁。火箭工程师们马不停蹄地接手工作，并立即开始排查。科罗廖夫和他的手下很快发现，基地操作人员并没有正确地执行任务，不久后照片就收到了。

"月球3号"的任务被载入史册，成为当时最重要、最宏大的太空成就。这一任务最终收到并公布了18张月球远端的照片，覆盖了月球表面的70%。遵循人类探索的悠久传统，科罗廖夫开始为照片中的山脉和其他地理标志命名。直到今天，月球背面大部分火山口、细沟、山谷都有俄罗斯名字。

"月球3号"是一个惊人的成功，但运气在其中发挥了很大的作用。接下来在两国发射的13个月球探测器中，有12个将以失败告终。从1961年8月开始，NASA和JPL启动了一系列名为"徘徊者计划"（Ranger program）的撞击探测器。目标是在徘徊者探测器接近月球表面时，将数百张照片传回地球，直到撞击月球表面的那一刻。前六次徘徊者探测器都失败了，导致国会介入，并在这两个组织内部进行了一些管理改革。最终，在1964年7月28日，NASA发射了"徘徊者7号"，它直接击中了新命名的"知海"

（Mare Cognitum），从六个摄像头发回了 4300 多张照片。七个月后，"徘徊者 8 号"撞上了"静海"（Mare Tranquillitatis）。一个月后，"徘徊者 9 号"撞上了阿方索环形山（Alphonsus Crater）。最后两次徘徊者的任务将被证明至关重要，因为它们撞击了早期认为可作为载人飞行器潜在着陆点的地区。根据"徘徊者 8 号"和"徘徊者 9 号"发回的数据，NASA 的科学家得出结论，载人飞船登陆月球可能是安全的（也就是说，它不会沉入像流沙深坑一样的月球粉尘中）。科罗廖夫的预言暂时得到了证实。

直到 1966 年 6 月，有了更先进的探测器"勘测者 1 号"（Surveyor 1），才更加确定了这种可能性。

12 水星计划

人在太空中会变得非常清醒，意识到自己的安全系数是由
政府合同中出价最低的人决定的。

——艾伦·谢泼德（Alan Shepard）

1959 年 2 月，全国各地的军队试飞飞行员开始收到匿名指令，
在不给任何理由的情况下，要求他们前往某处旅行。[1]指令把他
们都召集到了五角大楼开会。到达后，他们发现自己是大约 35 名
与会者之一——他们都是试飞员，都是军官，来自军队的各个部
门。在会议上，他们才得知自己是新载人航天计划"水星计划"
（Project Mercury）的第一批候选人，如果被选中，他们将需要从自
己的军事生涯中离开一段时间。

NASA 官员原本打算对宇航员候选人进行"公开招募"，也就
是说，几乎任何符合身高、体重、年龄和教育标准的人都可以申
请。但是当艾森豪威尔总统听说这件事的时候，他推翻了决定，坚
持认为候选人的第一标准应是一个有经验的试飞员。于是，NASA
在一本军事试飞员常常阅读的杂志上刊登了一则广告，收到了
500 多份申请。直到部分申请人收到匿名指令并出现在五角大楼的

77

那天前，大家都没有听到任何关于这些申请的消息。

最初一批征召的人中有一人叫沃利·席拉（Wally Schirra）。1958 年底，他被安置在帕塔克森特的美国海军飞行学校，担任"F4D"的试飞员。"F4D"是一架马赫数为 1 的战斗机。这时有大量马赫数为 2 的飞机从生产线下线，因此"F4D"在试飞圈被认为是一匹"慢马"。尽管如此，席拉的工作仍然是学习如何驾驶它，以它的速度飞行，并撰写报告。

一天晚上，就在毕业前不久，沃利正在写一篇关于"F4D"的报告，这时一个飞行员同伴把他叫到外面，指着天空。当一束光慢慢地穿过天空时，两个人向上凝视着。当时正值黄昏，太阳的位置非常合适，正好照亮了苏联在前一年发射的人造卫星"伴侣号"的金属外壳。

这一刻，席拉顿悟了。"我在想，为什么我要摆弄一架几乎不能达到 1 马赫的飞机，而一颗苏联卫星却达到了 25 马赫。这是我为数不多的想要进入太空的时刻之一。"[2]

当第一次晨会结束时，许多候选人根据他们的军事隶属关系，一组一组地聚在一起，讨论他们的新情况。他们都对自己未来的军事生涯有着具体的计划，为了 NASA 而请假（这可能会使他们的职业生涯中断五年到十年），这显然不在他们任何一个人的规划之内。有些人不愿意参加这个项目，但也有很多人决定一试。毕竟，任何没有达到要求的人，都可以直接从他们军旅生涯中断的地方重新开始。那些决定签约的人有着几乎相同的动机：对于一个试飞员

78

来说，没有什么比作为某事"第一人"而被写进历史更重要的了。他们陶醉于"第一人"，吹嘘"第一人"：查克·叶格（飞超音速飞机第一人），斯科特·克罗斯菲尔德（飞马赫数 2 飞机第一人），约翰·格伦（从东海岸到西海岸飞超音速飞机第一人），等等。据席拉说："高性能飞机的试飞员收集奖杯，就像有些人收集邮票一样。"[3] 但所有最好的喷气式飞机纪录（和奖杯）都被拿走了，新的"第一"变得越来越难获得。NASA 提供了一些他们非常期待的东西：很多全新的"第一"在光荣之树上等待着被摘取。

在首批参加五角大楼会议的 35 名候选人中，有 24 人带着极大的不情愿和对未来职业发展的担忧，最终签约参与宇航员名册的角逐。在第二批被召集的人中，又有 24 人签约。

宇航员们被招募到水星计划中。在 NASA 水星计划的总蓝图中，需要进行七次太空飞行，每次都将搭载一名宇航员。七次飞行，七名宇航员。前三次飞行将是"亚轨道"的，这是一个对弹道飞行的委婉说法：火箭将升空，然后仅利用重力返回地球，就像把棒球抛向高空一样。由于约翰·格伦的一些幕后操作，计划改变了，只有前两次飞行是弹道飞行，第三次飞行是轨道飞行（当然是由格伦试飞）。当艾森豪威尔总统听取这一飞行计划的汇报时，他的助手乔治·基斯蒂科夫斯基对整个计划进行了严厉批判，预测这将是"一个男人有史以来最昂贵的葬礼"。[4]

最初的宇航员选拔是计划从所有人中选出 12 名候选人，并假定他们在接受严格的测试和训练后，将有人退出。但是，只使用试飞员的决定使这个假设变得毫无意义，很快就能明显看出，这些人不是会轻言放弃的人。[5] 因此，与其选出 12 名候选人，再减员筛选出六人（后来修改为七人），NASA 决定直接选出没有候补者的最终飞行小组。如果出了什么问题，他们总是可以回到人才库再次筛选，或者让同一名宇航员执行两次飞行任务。

最严格的身心检查开始了：在新墨西哥州进行体能测试，在俄亥俄州进行心理测试。因为宇航员将面临不同寻常的挑战，所以现在的测试非常严苛，从来没有一群人被这样研究、检查、打探、刺激以及窥视。尽管考核严峻，但当几乎每个候选人都通过了考试时，缩减宇航员候选名单成了一个比想象中更难的挑战。这些人并没有饱受失败之苦，在他们的基因里没有退出一说。即便如此，系统还是开始一个接一个地挑出了几人，就像奶油浮到表面一样。当一切都结束时，NASA 选出了七名宇航员：来自美国海军陆战队的约翰·格伦，来自美国海军的沃利·席拉、艾伦·谢泼德和斯科特·卡朋特（Scott Carpenter），以及来自美国空军的唐纳德·斯莱顿（Donald Slayton，又称德克）、勒罗伊·戈登·库珀（Leroy Gordon Cooper）和维吉尔·格里松（Virgil Grissom，又称格斯）。然而，行政机关的决定仍处于秘密状态。当时 NASA 越来越了解公众，并计划举行一场重大的新闻发布会，在会上宣布最后选出的宇航员。

1958 年夏天，托马斯·基思·格伦南（Thomas Keith Glennan）

正经历着可以称为不寻常的职业生涯。格伦南毕业于欧克莱尔的威斯康星大学，获得了电气工程的学位。通过将声音技术带入了无声的媒介，他彻底改变了电影产业，并在这个产业里取得了成功。格伦南最终成了两个好莱坞工作的负责人：派拉蒙影业公司和塞缪尔·戈德温工作室。第二次世界大战迫使他为数家机构工作，其中包括美国海军水声实验室。安斯科公司的一位高管、凯斯西储大学校长和原子能委员会的成员最终都看上了他的简历。1958 年 8 月 19 日，他被任命为 NASA 的第一任行政长官。

上任不到八个月，宇航员选拔委员会告知格伦南有哪些人最终入选。他把记者招待会安排在 1959 年 4 月 9 日。

当天，来自世界各地的记者和摄影师为这一消息的公布来到华盛顿。格伦南走了进来，站在他们面前，正式向媒体和全世界介绍被选入美国水星计划、准备进入太空的七个人。他解释说，他们将被称为"宇航员"（astronauts），这个称呼参考了乘热气球飞行的先驱探险者"argonauts"这个词。[6] 在摄像机前，七名未来的宇航员面带微笑，身着便装，他们的亮相没有明显地表露出工程师、军官或试飞员的身份。他们的军事特征被掩盖了，基本上把他们从之前的形象中剥离了出来，以便形成更平易近人的公众形象。[7]

宇航员们坐在高凳上，以便大批的记者和摄影师们能看到他们。从左到右，按字母顺序排列，约翰·格伦正好坐在了中间。这种位置排列上的侥幸，把会议变成了一场精彩的戏剧。在格伦南介绍了每位宇航员的名字后，记者们开始提问。就在那时，NASA 及其宇航员团队才发现在公共关系方面，他们仍有需要学习的地方。宇航员们过去一直专注于水星计划的资格考核，现在他们准备专注于即将到来的训练、任务分配、太空飞行的科学知识和冒险。这些都是他们熟悉的主题，并可以用来回答记者的问题。但记者们并不关心这些。令宇航员们感到惊讶的是，记者的问题都是关于家庭生活的，比如他们的妻子、孩子、家庭、职责和宗教。当大多数宇航员（其中一些人几乎没有什么值得炫耀的家庭生活）像鹿僵在车灯下一样时，约翰·格伦开放而热情地回答着问题。对于组里唯一的海军陆战队员格伦来说，这类问题就是一片沃土。关于妈妈和苹果派、美国和上帝这类的谈话，格伦突然发现自己应付自如。

当一名记者问到他们的妻子是否支持他们作为宇航员进行危险的新尝试时，格伦已经准备好了答案："如果我们在家里没有很好的后盾，我不认为我们中的任何人真的能继续做这样的事，真的。我妻子对这件事的态度，和对我整个飞行生涯的态度一样。如果这是我想做的，她就会在背后支持，我的孩子们也是，百分之百的支持。"[8]

在汤姆·沃尔夫的《真材实料》一书中，他绘声绘色地描述了其他宇航员所面临的困境：首先要处理意想不到的问题，然后还要处理约翰·格伦。

他到底在说什么？我不认为我们中的任何人能有这样的想法……妻子的态度能对一个走上金字塔神殿的巨大机会产生什么影

响呢？这家伙是怎么了？这种状态就这样持续着。一些记者站起来，请他们讲述一下自己的宗教信仰。（宗教信仰？）然后格伦又开始发言了。[9]

他们受过操作普通飞机和喷气式飞机的训练。他们懂得作战计划，如何倾斜飞行以及何时偏航。他们知道如何弹射和如何安全地跳伞。他们接受过水上救援和沙漠生存的训练。他们懂得开关、按钮和仪表。但是，约翰·格伦在他们公开露面仪式上的表现，向NASA和宇航员团队展示了一项关键技能，一项他们没有接受过相关训练且没有任何相关经验的技能：魅力。

当全国的注意力都集中在宇航员选拔、宇航员荣耀的戏码上时，沃纳·冯·布劳恩与亚拉巴马州汉茨维尔陆军弹道导弹局的工程师和技术人员，以及在加州圣地亚哥通用动力公司康维尔分部的工程师和技术人员，正在快速地将各自的"木星-C"和"阿特拉斯"火箭从洲际弹道导弹改装成载人飞行器。对于冯·布劳恩来说，这是一件分心的事情，因为他一直是一个有远见的思想家，他已经开始更高难度的土星系列火箭的设计工作，有一天这一系列火箭将被改造用于阿波罗登月。[10]

如果说对"木星-C"的安全评级工作还不够分散注意力的话，那么更糟的是，沃纳发现自己经常陷入政治泥潭。随着美国火箭科学领域的不断发展和崭露头角，冯·布劳恩的德国工程师们变得炙手可热，来自工业界的就业机会源源不断地向他们招手，而且这些工作的报酬通常都比军队更好。冯·布劳恩已经有过争夺资源的经验。战争期间，希姆莱党卫队曾试图将佩内明德的团队并入他们的组织。为了防止这样的情况出现，冯·布劳恩与斯佩尔的部门一起，将他的整个研发团队转变为一个政府公司。现在，随着美国公司同他开展员工争夺战事，以及 NASA 敦促汉茨维尔的团队加入他们的阵营，沃纳也面临着类似的困境。他给约翰·梅达利斯将军写了一份机密备忘录，提供了一些建议。他在备忘录中阐明了问题所在：由于"工业界提供了极具吸引力和利润丰厚的条件"，"我们面临着失去一些关键科学家和工程师的急迫风险"。[11]冯·布劳恩向梅达利斯建议，最好的解决办法可能是将汉茨维尔开发小组从军队中分离出来，并将其转为一家私营公司。没有记录显示梅达利斯曾对这个备忘录做出回应。但众所周知，在幕后，冯·布劳恩曾派代表前往加州，试图让雷神公司或太阳能飞机公司接管他们的业务。不论是出于实用主义或者怀旧，或者两者兼而有之，冯·布劳恩不顾一切地想把他的德国科学家维持在一起，形成一个有凝聚力的工程团队。然而，他的尝试却失败了。在接下来的几年里，他的科学家和朋友们一个接一个地被私营公司的高收入工作吸引。就连他的密友兼知己迪特·胡策尔最终都去了加利福尼亚州，[12]为北美航空公司设计强大的 F-1 火箭发动机。五个 F-1 发动机后来将成为土星运载火箭的一部分，所以在某种意义上讲，沃纳和迪特还在同一个团队工作。

　　尽管有许多政治和财政上的干扰，冯·布劳恩还是决心向大家展示谁是世界上最好的火箭科学家。他收到了 NASA 的电话，被告知他的"红石"/"木星-C"助推器将会把首批两名美国宇航员送入太空。此后，冯·布劳恩决心使他的火箭尽可能完美无瑕。他坚持要对助推器进行一些设计上的改变，以提高其可靠性，这些改变最终会推迟艾伦·谢泼德的首次发射。随后，他和手下不得不忍受"德国人过度设计"的抱怨。[13] 然而，由于紧急逃生系统不可预见的复杂性，麦克唐纳飞行器公司建造的水星太空舱落后于原计划，抱怨声才逐渐变小。

　　在设计和测试火箭硬件时，新的宇航员队伍也正在进行训练和准备，而另一组 NASA 的管理人员和科学家正悄悄地研究一个不那么迷人但同样重要的事情：如何制作宇航服？[14] 军方在高空喷气式战斗机方面经验丰富，人们对于低压超冷环境中的生命保障系统已经有了很多了解。这些经验将派上用场，因为现在必须发明一种新式服装，使人类在超冷、零重力的真空中保持健康和舒适。而事实上，当 NASA 呼吁承包商为宇航服提出建议时，只是表示他们正在寻找类似海军"马克4号"（Mark IV）飞行服的东西，只是要更好。最初，NASA 宇航员并不需要那种完全自给自足的宇航服，几年后，当宇航员开始在轨道上停留数小时、数天，或离开太空舱执行舱外活动时才需要。对于水星计划来说，需要的只是一套不那么复杂的服装。

　　NASA 收到了来自大卫·克拉克公司、B. F. 古德里奇和胸罩制造商倍儿乐的竞标，古德里奇最终中标。大卫·克拉克后来也赢得了为双子星座计划制作宇航服的合同。倍儿乐从未做过宇航服，也许男性至上的宇航员更倾向于这样。

水星计划的七名宇航员很快就在卡纳维拉尔角以南 15 英里的一个小社区可可海滩安顿了下来。尽管宇航员们因新职业而成为国际名人，但在当地，他们却因街头赛车而出名（或臭名昭著，取决于你跟谁打听）。作为公关噱头，通用汽车公司借给他们每人一辆白色科尔维特跑车，为期一年。当时这种车被称为"黄铜帽子车"，贵宾专用，之后还可溢价出售，取决于谁曾驾驶过它们。在可可海滩，驾驶它们的是 NASA 的宇航员们。一年结束后，宇航员可以把车还给通用汽车公司，也可以直接购买。不论怎样，这家公司获得了价值数百万美元的免费宣传。[15]

然而，把七辆超跑借给一群喷气式战斗机飞行员，产生的问题将很快显露，因为宇航员之间的街头赛车太普遍了，偶尔会引发事故、违反法律。艾伦·谢泼德有一次因超速过于严重而被捕。在另一起艾伦·谢泼德涉及的事故中，他驾驶着一辆借来的福特跑车，车里还坐着格里松和席拉。当一个十字路口的信号灯变绿时，谢泼德决定看看车子的加速性能有多好，于是将油门一踩到底。三人没有注意到刚才等红灯时，停在他们旁边的警车。谢泼德开着车飞驰而去，轮胎发出尖锐的叫声，警车开始追赶他们。

谢泼德从后视镜里看到警车灯，把车靠边停了下来，等着警察过来。两名警官立刻认出了他，开始大笑起来。"你是艾伦·谢泼德，是吗？"

"是的，没错。"

"那车里是谁？是沃利·席拉吗？"

"是的，长官。"

警官告诫谢泼德遵守限速规定，然后没开罚单就让他们离开了。著名宇航员的身份可以帮他们摆脱一些困境，或者给他们带来一些好处，这只是其中一次。他们在佛罗里达的海岸上，到处都可以得到免费的饮料和晚餐，在其他地方几乎也是如此。几年后，随着"双子星6号"发射的临近，当地一家轮胎经销商向席拉许诺，如果他能实现任务中的一个关键目标——与第二艘轨道飞船会合，就送他一套轮胎。这样的赠予很常见，使宇航员的工作比任何人预期的都要有利可图。NASA试图限制名人代言和其他利用宇航员身份的商业交易，但不可能一直盯着他们。宇航员甚至一度成为共同的商业伙伴，他们每人出资1万美元购买佛罗里达州一家全新酒店的股份。这家酒店最终会倒闭，但在每个人都把股份卖给投资者后，他们仍然获得了可观的利润，约为投资的一倍。[16] 即使在失败的情况下，水星计划的七名宇航员也可以找到成功的路径。[17]

1960年初，一组林肯和凯迪拉克车队驶入西弗吉尼亚州韦尔奇的一个煤矿小镇。这里只有1500人，是一个贫穷的地方，大多数汽车都生锈了或年久失修，这些高档汽车显得鹤立鸡群。一个先遣队曾在全镇张贴海报，为这次访问做准备———一次美国总统候选人的访问。

一个小男孩走在韦尔奇的街道上，他来自附近的另一个煤矿小镇科伍德。这个男孩以难以置信的概率在全国科学博览会上获胜，因此将受邀参加在印第安纳波利斯举行的国家科学博览会。生在煤矿区的人们之前从来没有取得过这样的成绩，每个人都为他感到自豪。男孩的母亲想让他体面地参加这个活动，所以她请朋友艾米丽·苏开车送他去韦尔奇买一套漂亮的西装（虽然男孩绝对不想要）。趁这位年轻女子不注意的时候，男孩故意挑了一套亮橙色的西装穿上，并付了钱。当他走出商店时，艾米丽·苏被他买的东西吓了一跳。然而，她回应的声音被停车的声音所打断，林肯和凯迪拉克车队在他们附近停了下来，许多男人从车里出来，把一个卷发的瘦子举到其中一辆林肯的车顶上。男孩马上认出了他是谁。

参议员开始发言，小部分韦尔奇公民聚集了过来，但他们似乎对他的发言一点也不感兴趣。尽管如此，这位政客还是尽最大努力煽动一群无意被煽动的人。最后，他对这群沉闷的观众感到有点恼怒，问大家还有没有问题。穿橙色西装的男孩高高地举起手来，于是参议员叫他发言。

"好的，先生。"男孩问，"你认为美国应该在太空做些什么？"

参议员把问题抛了回去："你认为我们应该在太空做些什么？"

"我们应该去月球！"男孩说。

"那你认为我们为什么要去月球呢？"参议员问道。

　　"我们应该去那里，找出它是由什么构成的，就像我们在西弗吉尼亚州开采煤矿一样开采它！"

　　这个男孩对煤矿开采并不在意，但他知道他的话会使人群放松，而事实也是如此，人群开始与这位参议员互动。参议员竞选活动本应在一阵令人厌烦的口哨声中结束，结果变成了一场令人愉快且成功的活动。20 分钟后，当这位候选人和他的随行人员开车离去时，许多人甚至为他的离去而感到失落。

　　肯尼迪参议员将会赢得总统竞选，总有一天他也会听取那个男孩的建议。男孩叫荷马·希卡姆（Homer Hickam），他会写一本题为《火箭男孩》（*The Rocket Boys*）的书，这本书将被改编成电影《十月的天空》（*October Sky*）。他长大后将成为一名火箭工程师，不仅帮自己实现了儿时的梦想，还帮总统实现了大胆的愿景。[18]

13 任务：控制

在前阿波罗时代……有些恩怨。关系并不是非常融洽。

——弗兰克·威廉姆斯（Frank Williams）

沃纳·冯·布劳恩的助理

我们对火箭技术一无所知，我们对宇宙飞船一无所知，我们对轨道一无所知。

——吉恩·克兰兹（Gene Kranz）

一旦美国的太空计划开始发展成现实，成为涉及数百万美元开销的实际载人太空飞行计划，另一场竞争就开始了。这不仅是资源和金钱的竞争，这也是一场关于理念和国家太空计划方向的竞争。人类以前从未在太空飞行过，因此没有长期形成的传统，没有规则手册，也没有程序步骤手册。最重要的是，管理层经常混乱不堪，似乎没有人负责此事。这个国家刚刚起步的太空计划涉及的各方势力都在争吵，争夺着各自的地盘，拒绝与其他人分享他们正在开展的工作。

沃纳·冯·布劳恩在弗吉尼亚州兰利研究中心参加会议时，就发生了这种"划地盘心态"的典型事件。在研究中心，工程师和部门负责人聚集在一起讨论即将进行的水星计划。沃纳听到风声说，已经有人绘制出了双人太空舱的设计（双子星太空飞船的前身）。会议的领导人之一是国家航空咨询委员会（National Advisory Committee for Aeronautics，NACA）的罗伯特·吉尔鲁斯（Robert Gilruth）。[1] 冯·布劳恩想要了解更多关于传闻中双人太空舱的信息，当他问道："你愿意给我们介绍一下吗？"吉尔鲁斯回答说："不，我不愿意。"

在这个国家的所有太空爱好者中，唯一拥有明确愿景的是冯·布劳恩。但他在权力阶梯上的位置太低，而他的愿景又往往过于宏大。全国缺乏一个头脑清醒、有远见或者务实的领导人来明确执行任务的计划，没有人来宣布每件事和每个人应朝着什么方向前进，以及为了什么目的前进。1959 年夏天，在达拉斯的一次大型聚会上，这种思想和目标的真空暴露了出来。大多数重要的太空人物都出席了，包括冯·布劳恩和一些后起之秀。

像冯·布劳恩一样，克里斯托弗·哥伦布·克拉夫特（Christopher Columbus Kraft）也曾是一个怀有梦想的小男孩。当他只有三岁的时候，右手被严重烧伤，留下了永久的伤疤，并带来终生的残障。就像日本军舰选择撞向"PT-109"一样，这一事件也将改变这个年轻人的生活轨迹，从而改变历史。第二次世界大战期间，还在上大学的克拉夫特曾试图应征加入海军。因为烧伤的手，他落选了。他只能不情愿地在弗吉尼亚理工大学继续深造。由于战时对科学家和工程师的急迫需求，这所大学安排了一个为期 12 个月的课程，使克拉夫特得以在两年内毕业。他被授予了航空工程学士学位。

毕业后，克拉夫特接受了兰利研究中心的工作邀请，当时该中心还属于NACA。他的工作非常出色，在接下来的十年里，他完成了许多涉及火箭飞机和风洞的实验。在"伴侣号"震撼世界后，NASA成立了，包括克拉夫特所在机构的许多组织都被纳入了这个新成立的空间机构。从那时起，命运似乎一次又一次地捉弄着他。

克拉夫特应邀参加了新的载人航天计划——水星计划。他很快成为太空任务小组的一员，并被提拔为查克·马修斯的助手。马修斯的工作是提出载人航天的详细计划，他把这一任务交给了克拉夫特，告诉他："克里斯，你来提出一个基本的任务计划。目标底线就是如何让一个人从发射台飞上太空，然后再飞回来。如果你能让他活着，那就太好了。"[2]

不久，NACA被NASA合并。NASA就像官僚黑洞一样，在自我创造的过程中，吞噬和吸收着各种部门和组织。克拉夫特在火箭技术发展的早期就签约了，当时载人航天还只是一个想法。NASA才在纸面上存在了一年时，就指派克拉夫特来创建一个组织，负责执行载人火箭的实际发射以及管理其飞行计划、项目和实验。在NASA内部，这个组织将被称为"任务控制中心"。克拉夫特是这份工作的绝佳人选，尽管他当时只有35岁，对肩上的重担来说还很年轻。这就是在达拉斯聚会当晚，克拉夫特的任务和他在图腾柱上的位置。

冯·布劳恩一直是一个在政治方面非常健谈的人，他端着饮料，穿过人群走向克拉夫特，打算搭讪。他介绍了自己，两人开始聊天。谈话很快演变成一场关于理念的碰撞。仅仅几分钟，他们的讨论就上升为争论，然后再上升到大喊大叫。这场口水战争论的焦点是哪种（或谁的）载人航天理念应该占上风。从更大的意义上来说，这是一场关于项目灵魂的斗争。

冯·布劳恩是一名训练有素的飞行员，在移居美国后，他也确保自己的执照和技能与时俱进。所以他拥有一种飞行员的思维方式，非常像水星计划的七名宇航员。事实上，在水星计划项目早期，当七名宇航员有机会与冯·布劳恩开会时，他们相处得非常愉快。宇航员和这位德国侨民看到了彼此志同道合的一面。宇航员在离开会场时，带着一种新的自信，这不仅来自他们将要飞行的设备，还来自他们的设计师。

然而当克拉夫特和冯·布劳恩在这场聚会上相遇时，情况就不大相同了。

在年轻时，冯·布劳恩就为载人航天设计了一个愿景。在他心中，飞行员就是一切——一个大胆勇敢的人，完全掌控着自己的飞机，有权进行所有飞行相关的决定，对出的差错全面负责，并为自己取得的所有成就而感到光荣。从本质上讲，冯·布劳恩设想的太空飞行与大气层内的飞行没什么区别，即由飞行员全权负责。对他来说，水星计划的宇宙飞船将是一个有人驾驶的飞行器，就像其他任何飞行器一样。他震惊地发现克拉夫特持完全相反的看法。

在克拉夫特心中，宇航员将是"雇员"——一群受过训练并听从地面任务控制员指令的人。他们按下的每一个按钮，扳动的每一个开关，执行的每一个动作，都由地面上的工作人员事先计划好，然后命令他们在飞行中完成。对冯·布劳恩而言，这是对飞行员信条的严重违背，而在宇航员访问期间，飞行员信条曾使冯·布劳恩备受欢迎。现在克拉夫特正在宣扬一个完全不同的想法，一个会摧毁冯·布劳恩许多太空旅行梦的想法。他非常生气。飞行员不能完全控制他们的飞船和任务？他认为这完全是异端邪说。³

在电影《真材实料》中，有一个沃纳·冯·布劳恩式的角色：中年、德国口音，穿着白色实验室外套的科学家，他和水星计划的宇航员在纠结水星航天器应该是一个由地面控制的"太空舱"，还是一个由宇航员控制的"航天器"。当这部电影于1983年上映时，大多数观众都认为演员斯科特·比奇扮演的是冯·布劳恩博士。但这部电影中，比奇扮演的是一个名为"首席科学家"的角色。电影制作人选择了非特定的角色名称，这是一件好事，否则冯·布劳恩的鬼魂肯定会从坟墓里爬出来追杀他们，因为里面有类似于"也许应该有一扇窗户"这样对飞行员不友好的台词。⁴真正的冯·布劳恩肯定会将大面积窗户的设计放在首位。

当克拉夫特和冯·布劳恩的吵闹声越来越大时，沃纳的妻子玛丽亚伸出了援手，她轻轻地拉着丈夫的胳膊，把他带到聚会的其他地方。但对冯·布劳恩来说，挑战已经开始了。聚会还没结束，他就开始在脑子里策划如何挫败克拉夫特由地面控制一切的"白痴"想法。

在克拉夫特这边，他不掩饰自己对冯·布劳恩的感受。他后来写道："没过多久，他就告诉我，我们的任务控制中心概念完全错了……他有一种日耳曼式的傲慢，且已达到了极致。他认为自己是世界上数一数二的火箭和太空旅行专家。"[5] 当然，当时冯·布劳恩可能的确是火箭和太空旅行方面的头号专家，但对克拉夫特来说，一个专家这样做是傲慢的，特别是如果他不同意自己的任务控制中心计划。

达拉斯的聚会对包括冯·布劳恩在内的工程师和宇航员阵营来说是一个分水岭。他们越来越清楚，克拉夫特打算强调任务控制中心的"控制"部分。冯·布劳恩和宇航员们开始与对立阵营展开了更大规模的理念之争——对立阵营包括 NASA 的高层和管理人员，争论的焦点是应该由谁控制飞船，或者是否应该将其称为飞船。在这样的理念斗争中，赢家通常是开支票的一方，这次争论也一样。冯·布劳恩关于太空飞行的浪漫想法——一个与新生宇航员意见一致的愿景，还需要再等待一段时间。现在，地面人员将以任务控制中心的形式，不仅完全掌管所有的发射和飞行，而且还将掌管太空任务的理念和政策。

具有讽刺意味的是，其实克里斯·克拉夫特一开始的理念与冯·布劳恩和宇航员相同。当他开始构思如何将人送入太空并安全返回地球的概念时，假设地面控制系统与军用飞机的辅助系统相似，这种系统对飞机及其飞行员的控制是微乎其微的。但他很快就意识到，在飞行器的速度达到音速的 10 倍到 20 倍时，所需的控制能力已经远远超过一个人类飞行员能达到的水平。因此，克拉夫特提出了这样一个概念：一个强大、全面的地面设施，甚至可以在必要时，在没有飞行员的情况下控制整个飞行。虽然这个决定不会使他受到宇航员团队的喜爱，但事实证明这是正确的。

就像美国太空计划的诸多方面一样，刚起步的任务控制设施也很简陋。第一个控制中心建于佛罗里达州的卡纳维拉尔角导弹试验的附属建筑物中，被称为"水星控制中心"，后于 1963 年更名为"任务控制中心"。美国所有载人发射的地面支持和控制都被安排在这里，包括所有水星计划的任务以及前三次双子星座的飞行。这个位置有很多优点，因为所有参与项目的关键工程师和管理人员都可在发射时靠近火箭。解决问题所需要的最优秀的头脑都将在现场。

第一个控制室是一个混凝土建造的、没有窗户的"盒子"，旨在使这些人不受任何爆炸或坠毁的伤害。同时，还可保护里面的人不受鳄鱼和蛇的侵扰，因为有成百上千的鳄鱼和蛇在周围的土地上游荡。

卡纳维拉尔角任务控制中心在发展初期是没有计算机的。即将占领工程界的第一台 IBM 大型机刚从画板上变成产品，而且需求量很大。不论谁有钱都可以购买电脑，但任务控制中心的预算仍然很拮据。要再等一年多，它才拥有第一台电脑。这在今天很难理解，但在 1958 年，虽然火箭是当时最先进的技术之一，但是当 NASA 任务控制中心的工程师想要发射一枚火箭并需要进行数学计算时，仍需使用滑尺。作为水星飞行任务控制中心，每个控制台都有一个工作空间，包括一台原始的小屏幕电视，显示一些黑白相间的数据，一个旋转拨盘电话和一个烟灰缸。大多数控制员都是年轻男人，是刚从大学毕业没有经验的孩子，他们像克拉夫特和克兰兹一样，被迫一边推进项目，一边编写相关文档。载人航天没有手册。操控台上面和前面的世界地图，是为了显示太空舱绕地球飞行的过程，还有一个"由电线悬挂着的玩具般的宇宙飞船模型（可以用手移动），可用来在地图上追踪飞行轨道"。[6] 与 NASA 其他办公室和前哨的通信是通过电传打字机进行的，因为那时轨道上还没有通信卫星。无线电通信完全是视线范围内的通信。

1960 年 11 月，参议员肯尼迪以不到 1% 的普选优势击败了理查德·尼克松。这位新当选的总统根本不在乎 NASA 的设施应该在哪里，完全把决定权留给了专家和管理人员。但在他被暗杀后，白宫的不插手政策将会改变。副总统林登·约翰逊（Lyndon Johnson）看到了太空计划的巨大政治价值。约翰逊担任过得克萨斯州的国会议员和参议员，就像好莱坞得克萨斯人的形象缩影：高大魁梧、粗声粗气。约翰逊从一开始就对国家的太空计划着迷，他游说肯尼迪任命他为新一届国家航空航天委员会（National Aeronautics Space Council，NASC）主席，肯尼迪答应了他。约翰逊明白由平民运营的非军事冒险项目的政治价值，他努力将自己运作进去，并确信这将带来很高的知名度和积极的公众认知。约翰逊把太空计划作为自己宠爱的项目，从未放弃。

肯尼迪在苏联人将尤里·加加林（Yuri Gagarin）送入地球轨道后，向 NASC 的主席约翰逊寻求建议。这位年轻的总统不确定美国的太空目标应该是什么，他要求约翰逊和航天委员会提出一些想法。并非广为人知的是，将人送上月球并不是肯尼迪的主意，而是约翰逊与航天委员会一起提议的。[7]在研究了美国应该对苏联不断扩大的太空计划做出什么样的反应后，约翰逊建议放手一搏，把一个人送上月球会有很高的终结性，将永久地回答哪个国家更先进的问题。

1963 年 11 月，在肯尼迪总统遇刺后，林登·约翰逊担任总统，美国航天计划在总统办公室有了一位甚至比肯尼迪更有促进作用的朋友。然而，约翰逊想做出一些改变。作为纯得克萨斯血统的维护者和啦啦队队长，约翰逊感到非常自豪，并很快就开始把太空计划的资产转移到他的家乡。尽管任务控制中心本可以留在佛罗里达州，但这位新总统不失时机地利用自己的权力和影响力，将未来所有太空飞行的指挥控制权转移到了自己的家乡。1965 年，正好赶上"双子星 4 号"的飞行，在得克萨斯州休斯敦的新任务控制中心正式启用。

新中心位于一栋叫作"载人航天中心"的新建筑中，占据了两个房间。[8]新中心更大、更现代，装备和设计都更好，还有电脑。所有载人航天计划和发射，包括未来的登月发射，都将由休斯敦控制。而佛罗里达州旧控制中心的控制台被当作博物馆的展品运走了。

14 第二个太空人

一次成功的测试胜过 1000 条专家建议。

——沃纳·冯·布劳恩

在升级后的"红石号"（更名为"木星-C"）与新的水星舱匹配好之后，NASA 决定先进行几次无人驾驶的亚轨道试飞，以此来对冲风险。无人驾驶是因为在火箭首次航行中，一只猴子将占据飞行员的座位。早期的试飞决定之一是先让一只蜘蛛猴随"木星-C"飞行，随后是一只黑猩猩，最后再把人放在里面。正是这一决定引起了宇航员和飞行员之间的相互嘲笑——一只动物坐在一个专门为有经验的人类飞行员准备的地方，这是一个重要的航空文化转变。查克·叶格抓住大量机会故意招惹他以前的试飞员同胞，把他们称为"罐头里的午餐肉"，还有其他一些不那么恭维的绰号。

但这种侮辱只会愈演愈烈。

詹姆斯·拉马奇（James D. Ramage），绰号"吉格狗"，是加州圣何塞附近海军航空站莫菲特基地的指挥官。飞行员正是在莫菲特接受训练，从驾驶活塞动力飞机过渡到驾驶能以马赫数飞行的喷气式飞机。一个名为"VF-193"的夜间战斗机中队驻扎在莫菲特基地，专门驾驶"麦克唐纳 F2H 女妖"战斗机（Mcdonnell F2H Banshee）。该中队隶属拉马奇指挥官的第 19 舰载航空大队。[1] 拉马奇需要找几个具有喷气式飞机驾驶经验的飞行员，但这里并没有太多飞行员可供选择。有一个年轻的海军飞行员，因勇敢和功绩而正成为传奇。拉马奇安排他加入"VF-193"中队，并让这个年轻人成为他的僚机飞行员，这是一个莫大的荣誉。

1954 年 5 月，拉马奇和他的新僚机飞行员在大约 2 万英尺的高空与几名学员进行例行飞行时，拉马奇通过无线电宣告他的氧气供应中断了。没有充足的氧气供应，拉马奇很快就晕头转向，在这种情况下任何着陆的尝试都可能酿成惨剧。那个年轻的僚机飞行员与他通过无线电保持联系，确保他保持清醒并指示他着陆的程序。在僚机的协助下，拉马奇总算能下降到一个较低的高度，获得了足够的外部氧气，最终安全降落。

这位年轻的僚机飞行员名叫艾伦·谢泼德。

艾伦·谢泼德和最初的七名水星计划宇航员一样，来自一个小镇。1923 年 11 月 18 日，他出生在新罕布什尔州的德里。谢泼德家族是"五月花号"乘客理查德·沃伦的直系后裔。[2] 艾伦小时候学习成绩优异，跳了两级来到平克顿学院读高中。在那里，他发现了自己对飞行的热爱，建造过一架飞机模型，并在机场打零工以换取飞行课程。1940 年，16 岁的他高中毕业，"二战"刚刚在欧洲开始。因为太年轻了，在经过一年的等待期后，他被美国海军学院录取。由于战争对军官的需求，学院允许他提前一年毕业，并成为海军少尉。在美国海军学院，他认识了路易丝·布鲁尔，他未来的妻子。

战后，谢泼德继续追寻他热爱的飞行事业。他来到得克萨斯州科珀斯克里斯蒂的海军航空站，在那里，他被认为是个普通水平的飞行员，甚至差点被项目除名。由于不甘失败，谢泼德在一所民用飞行员学校报名参加了额外的飞行课程，最终才被认可，获准前往佛罗里达州彭萨科拉的海军航空站进行高级飞行训练。

决定谢泼德未来航天生涯的关键岔路口出现在1950年，当时他被选入马里兰州帕塔克森特河的海军试飞飞行员学校。这一重大事件使他有资格申请尚待创建的太空计划。在这所飞行员学校，他晋升为一名教练。

1957年，谢泼德仍在担任飞行员教练，当时他的名字被悄悄地提交给NASA，成为新宇航员团队的508名候选试飞员之一。名单上的名字被慢慢删减，谢泼德的名字保留了下来，直到他收到最终邀请，成为1959年2月2日在五角大楼开会的首批35名候选人之一。谢泼德非常自负，充满自信，当他发现自己最终被选上，成为精英宇航员团队的一员时，也并不感到惊讶。

从NASA公布水星计划的七名宇航员名单那一刻起，内部竞争就开始了。这七个人很快就像兄弟般亲密，但这种关系并不足以缓和他们与生俱来的竞争天性。从一开始，每个人都在游说并竞争，争取成为第一个进入太空的人。他们在天赋和能力上的差异非常微小，无论选择谁都会引起许多私下争论。

宇航员们普遍认为约翰·格伦将被安排进行首次飞行，因为NASA的许多决定由政治因素所左右。格伦非常像《真材实料》里描述的那样：一个血管里流淌着健康、精力充沛的血液的美国人。沃利·席拉形容他是"典型的美国人——热爱棒球、热狗和苹果派"。[3]

鲍勃·吉尔鲁斯领导一个由NASA高管组成的小组，负责筛选飞行员。在NASA公布参与前三次飞行竞选的前三名宇航员为格伦、谢泼德和格里松时，库珀、斯莱顿、席拉和卡朋特都感到非常震惊。1960年2月21日，NASA对他们进行了最终选拔，吉尔鲁斯把七名宇航员都叫到他办公室，宣布谢泼德执行首飞任务，然后是格里松，接下来是格伦。宇航员们很热情，每个人都向谢泼德表示祝贺，并和他握手。但他们私下里都有些愤恨。原因很简单：谁会是第一个将人类送入太空的国家还不得而知，进入太空第一人的纪录仍有待争夺。无论谁是水星计划第一个上天的宇航员，都有机会成为不朽的传奇，能带来试飞员所珍视的公众赞誉、奖项和闪闪发光的奖杯。无论谁是第一个进入太空的人，在未来的许多年里都会成为超级名人，每个宇航员都很清楚这一点。他们之间的竞争如此激烈，就连"美国先生"本人约翰·格伦都对没有被选中参加第一次飞行而感到愤怒。[4]《生活》杂志很早就准备展示水星计划七名宇航员的生活和功绩。当前三次飞行任务被宣布时，杂志发表了一篇文章，称谢泼德、格里松和格伦为"黄金团队"，库珀、斯莱顿、席拉和卡朋特为"红色团队"。把水星计划的七名宇航员分成两组并不符合真实逻辑，这纯粹是出版商随意编纂的，只是为了卖出更多杂志。文章发表后，NASA 和水星计划的宇航员被迫做了一些公关宣传，以消除公众心中水星计划有两个团队的误解。事实上，水星计划的七名宇航员中任何一位都是完全合格的，都有能力胜任任何相关任务。

一旦完成了选择和分配，宇航员们就设法逐渐把自我抛在脑后，专注于即将到来的任务。作为试飞员，工作的一个重要部分就是了解飞行器的里里外外。毕竟，他们也是工程师。正如了解飞机一样，他们同样需要了解即将带他们升空的"红石号""阿特拉斯"火箭和麦克唐纳建造的太空舱。宇航员们满怀热情、好奇和活力投身其中，了解他们将要操控的飞行器。他们的参与程度很高，设计人员根据他们的建议对太空舱的设计进行了大量修改。

作为学习的一部分，宇航员们于 1960 年 11 月 21 日在卡纳维拉尔角集合，观看"水星—红石 1 号"（MR-1）的准备和发射，这是一次无人试飞，相关的硬件配置最终将成为载人飞行的水星飞行器。这次发射之前有两次令人尴尬的失败。三个月前，一枚"水星—阿特拉斯 1 号"火箭在飞行过程中爆炸，然后在 11 月 8 日的试飞中，太空舱的逃生和抛掷火箭在发射后提前 16 秒点火，摧毁了太空舱。因此，每个人都迫切希望 11 月 21 日的发射能够成功，并感到很可能会成功。根据吉恩·克兰兹的说法，"当'水星—阿特拉斯1号'在飞行中爆炸时，我们的进度就落后了大约一年，所以我们在'水星—红石1号'的第一次飞行上，押注了很多东西。"⁵

然而，这个刚起步的项目仍然没有取得成功。

按后来的标准来看，这是一次简陋的发射——一个发射台、一座服务塔和一座混凝土堡垒。此外，还向全世界13个收听电台派出了三人一组的无线电小分队。在离发射台230米远的堡垒里，克兰兹和其他美国人不得不面对这样一个事实：在场的人中有一半是德国侨民，其中大部分人都在说着自己的母语。倒计时过程中没有发生任何重大事故，倒计时为零时，"红石"主发动机点火。摄像师本能地把相机向上转动，好像跟着火箭一样，而克兰兹和克拉夫特则寸步不离地盯着屏幕。但画面里并没有出现火箭。摄影师随后把相机重新对准发射台，发现"红石"还在那里。它的发动机暂时还处于点火状态，然后就熄火了。

在情况似乎不能变得更糟的时候，机载定时器开始启动。这种定时器旨在有序地触发飞行事件，就像一排倒下的多米诺骨牌一样。探测到主发动机关闭后，太空舱逃生塔开始点火，将自己发射到4000英尺的高空。然后太空舱的减速伞展开，接着是主降落伞展开。近海的微风吹过降落伞，降落伞滚滚而开。这可能会将满载的火箭拉下来，可能会带来可怕的爆炸。在一个近乎滑稽的时刻，太空舱喷出了几十条铝箔，这个设计是为了帮助搜寻船只在搜索雷达中发现它。

当克拉夫特怒气冲冲地想知道发生了什么时，他收到的所有回复都是德语的。

在莫斯科东南约 500 英里的一个农场里，三个男孩正在田野里玩耍，其中一个男孩抬头碰巧看到一个大型物体从天而降。它以极快的速度撞击地面，其冲击力引起了巨大的轰鸣声。这个物体离他们站的地方不远，于是他们跑过去查看。一个他们从未见过也从未听说过的球形物体，深陷在农田松软的土壤里。舱门已经打开，露出了里面的东西，有控制器、开关、按钮等。他们爬了进去，发现了其他东西：一包包未打开的食物。他们撕开包装，吃了起来。[6]

与此同时，饥饿的孩子们没有注意到，在仅两英里远的地方，世界上第一位宇航员，苏联的尤里·加加林在"沃斯托克1号"（Vostok 1）火箭完成一圈轨道飞行后，从2万英尺的高空弹射而出，带降落伞飘回地面。

在美国，很快就会有更多巨大的隆隆声：当苏联再次击败美国的消息传来时，门的砰砰声、书本的投掷声和东西被踢的声音传来，又一项重大的太空纪录被载入史册。

1961年4月12日，艾伦·谢泼德和其他六名宇航员只能看着尤里·加加林创造历史，他不仅成为第一个进入太空的人，而且成为第一个环绕地球轨道飞行的人。与美国的太空计划一样，苏联的太空计划也起源于军事项目，加加林也曾是一名军事试飞员，就像水星计划的七名宇航员一样。回到地球后，聚光灯从水星七人转向了加加林，他参加了莫斯科盛大的庆祝游行，并获得了众多的奖项、荣誉和奖章。苏联后来还会派加加林作为国家的非官方大使出访欧洲和南美洲。

水星计划的七名宇航员曾希望其中一人成为第一个进入太空的人，或成为第一个进入地球轨道的人，那就更好了。现在，他们所能希望的最好结果就是再次获得第二名。对于习惯于登上每一根图腾柱顶端的男人们来说，这是非常令人沮丧的。苏联的太空计划如此密不透风，以至于 NASA 和美国政府的许多人开始怀疑，苏联是否已经拥有足够多的现成硬件，可以将人送上月球。比赛是否已经结束了？只是他们不知道而已。随着苏联在太空取得一项又一项令人惊讶的成就，NASA 和美国人民将开始反思。每个人都想要一个答案：我们在这场比赛中到底落后了多少？

当克拉夫特提醒谢泼德有权为他的飞船命名时，谢泼德做出了一个显然具有地缘政治色彩的决定，将他的太空舱命名为"自由7号"。

在 NASA 首次载人太空飞行的前夕，艾伦·谢泼德和他的后备飞行员约翰·格伦在距离发射台三英里的营房睡觉。营房给他们提供了两张双层床。在他们睡觉的时候，NASA 的地勤人员开始给"红石"火箭的推进剂油箱加满燃料。尽管它在最开始使用了液氧和酒精，后来在这个国家的第一次卫星发射中升级为氧气和海代恩，但最终载人用的"红石"将使用洛克达因公司改装的 A-7 发动机，它将使用液氧和一种更传统的煤油 RP-1。RP-1 在配制、运输、装载和使用方面都比海代恩更安全，NASA 正在尽可能地减少风险。

这次飞行应该是简单、短暂、常规的：升空，弹道飞行 15 分钟，在大西洋上降落，被海军救回。但就像当时美国的太空计划一样，几乎没有什么事情是按计划进行的。谢泼德和格伦凌晨 1 点被叫醒，吃了牛排、鸡蛋、咖啡和橙汁作为早餐。这顿饭将成为未来几年宇航员执行任务前的一个传统。比尔·道格拉斯医生赶来给谢泼德做了飞行前的体检。护士迪伊·奥哈拉在谢泼德的上半身安装了六个生物医学传感器，水星控制中心可以通过这些传感器监测他在飞行过程中的呼吸和心率。格伦去了发射塔，他被指派在最后一刻检查所有航天器的开关和仪表。[7] 克里斯·克拉夫特接到通知，天气很好，一切似乎都"已准备好"准时发射。

在卡纳维拉尔角以东 280 英里处，就在大巴哈马岛以北，一艘美国海军舰艇悠闲地漂浮在预先指定的位置上。通信室由海军士官斯坦·伯特尔执掌，他耐心地坐在一排短波无线电设备前，从一盒云斯顿中拿出香烟，一支接一支地抽。就像船上几乎所有人一样，伯特尔是个烟瘾很大的人。无线电房间的狭小空间里弥漫着大量的香烟烟雾，使它看起来像是南加州夏季逆温层的缩影。

来自卡纳维拉尔角水星控制中心的通信内容平淡无奇，只是几句闲聊，让每人都知道通信线路仍在正常工作。为避免发生中断，该电台将备用无线电调到备用频率以防万一。冯·布劳恩的冗余主义延伸到了太空计划的方方面面，包括即将执行回收宇航员和航天器任务的舰船。

当一个严肃的声音通过无线电扬声器传来时，伯特尔放下香烟。那个声音宣布了一个重要消息：宇航员艾伦·谢泼德正在前往发射塔的路上。

谢泼德穿着他的银色宇航服，乘坐龙门架升降梯高高地越过佛罗里达州平坦的海岸线，走向"红石"火箭顶部的太空舱。约翰·格伦作为候补宇航员，有幸将谢泼德从他们的住处一路护送到太空舱。当升降梯停下来时，他们都走了出来，可以看到数千辆汽车和成千上万的观众在几英里外的海滩上排着队，这些游客都是来见证历史的。在步行通道对面，他可以看到格伦站在"自由7号"敞开的舱门旁，露齿微笑。这是他们自几年前入选宇航员队伍以来，一直在刻苦训练、为之准备的时刻。谢泼德小心翼翼地走向了他的飞船。

凌晨5时20分，吉恩·克兰兹接到消息说，谢泼德已经坐在飞船里了，可以准时出发。克兰兹在他的工作日志上记下了时间。他的期望中夹杂着恐惧。他后来写道："我感到一阵颤抖。这就是书写历史的时刻了。我希望其他控制员在专注工作方面，比我当时做得更好。"[8] 发射定于上午7时20分进行。在15分钟的飞行后，舰艇将从海上把谢泼德打捞上来，他将有足够的时间在午餐前冲个澡休息一下。

　　谢泼德花了半个多小时才完全安顿好，在太空舱内系上安全带，并对仪器进行了最终检查。上午 6 时 10 分，格伦与谢泼德握了握手，祝他"着陆愉快"。[9]支援团队关闭了舱门，谢泼德被密封在内。

　　当美国第一位宇航员就座并关上舱门后，一股兴奋的氛围在控制室里流动。克拉夫特已经决定，宇航员和控制员之间的所有通信都将由一个专人处理。这个人后来被称为太空舱通信员，或简称 CapCom。一位宇航员同事被选为谢泼德的太空舱通信员：戈登·库珀，这将成为一个传统，在水星计划、双子星座计划和阿波罗计划中都这样执行。为了让谢泼德精神振作，在倒计时的过程中，库珀与谢泼德进行了妙语如珠的对话。然而当宣布由于云层太厚而推迟倒计时时，热情很快就消退了。随着佛罗里达州的太阳蒸发掉潮气，这个问题正在慢慢地自我消解，但又宣布了由于电脑故障导致的另一次推迟。当克兰兹被告知电脑问题至少需要十分钟才能解决时，他命令他的团队"只能花五分钟"。然后他们去喝咖啡、吃甜甜圈、上洗手间。当克拉夫特和团队成员休息回来时，他们发现库珀和飞行员外科医生比尔·道格拉斯下令在太空舱里播放一套喜剧夜总会的剧目，帮助谢泼德放松。太空时代的黎明带来了一位投机取巧的喜剧演员比尔·达纳，他的脱口秀节目围绕着一位不情愿的拉丁裔宇航员荷西·希门尼斯展开。所有的水星宇航员都是达纳的铁杆粉丝，特别是谢泼德，他非常喜欢这个插播。然而，克里斯·克拉夫特并不觉得好笑。[10]

就在这个时候，艾伦·谢泼德意识到他的宇航服设计存在一个重大缺陷：没有配备尿液收集系统。他迫切地需要去趟洗手间。谢泼德已经在太空舱里一动不动地坐了三个多小时，排尿的冲动越来越强烈。他给库珀发了个消息，称他需要离开太空舱几分钟去小便。

过了几分钟，库珀才收到地面关于谢泼德要求上厕所的回复。答案非常简短："不行。"为了给这一回复稍加渲染，库珀随后模仿卡纳维拉尔角常见的戏谑口音——沃纳·冯·布劳恩的口音告诉谢泼德："宇航员应该待在火箭前锥体内。"谢泼德和水星控制中心就这个问题进行了反复协商，最后终于达成一致，如果谢泼德关闭宇航服里的电子设备（以避免生物医学传感器短路），就允许他在宇航服里小便。他只好照办。[11]

在这一事件后，再次发生了延迟。液氧供应管道的压力上升，超过了飞行规定的数值。当谢泼德得知又要延迟时，生气地说道："为什么不快点解决你们的小问题，赶紧点燃这支蜡烛呢？"等问题终于解决了，克里斯·克拉夫特开始进行最后的"通过/不通过"流程，这也将成为一种传统。控制室中的每个站点都被逐个问询，根据他们仪器显示的内容来决定"通过"还是"不通过"。控制员一个接一个地回答："通过，飞控。"[12] 同时，时钟滴答着，倒数至零。上午9时32分，在谢泼德坐着等了四个多小时后，RP-1和液氧阀被打开，"红石"主子级上的涡轮泵启动，将推进剂压入燃烧室。在那里，它们立即被混合并点燃，洛克达因 A-7 发动机轰鸣起来。不久后，"红石号"离开了发射台，加速向上。它穿透了云层，不断前行。

就在谢泼德成功飞行后不久，两件大事接踵而至。首先，水星计划的七名宇航员之一德克·斯莱顿由于一种被称为"心房颤动"的心脏缺陷而被停飞。其次，在谢泼德之后，格里松的飞行几乎以灾难告终。在落入大西洋后，舱门上的爆炸螺栓过早爆炸，导致太空舱沉没，格里松几乎溺水身亡。这一事件将对新生的阿波罗计划产生严重影响。

尽管斯莱顿的飞行状态及时恢复，可以执行阿波罗任务，但他没能执行水星计划和双子星座计划的飞行任务，而是担任了宇航员办公室的高级管理员。由于他的停飞，NASA 最终只执行了六次水星任务，而不是原定的七次。

15 金 刚

当你点燃火箭发动机时，可能会发生 1000 件事。其中只
有一件是好事。

——汤姆·穆勒（Tom Mueller）

推进工程师

当沃纳·冯·布劳恩的脑海中突然冒出一个新的工程想法时，
他喜欢用涂鸦进行记录。他会画出在脑海中看到的东西。他看到了
巨大的火箭，以及将它们送入太空的大型发动机。就这样，早在第
二次世界大战结束前很久，人们就可以在深夜看到沃纳在他的办公
室里，拿着铅笔和纸，画着有朝一日将载着他去月球的火箭的各种
发动机。

沃纳从未建造过那些巨型发动机，但其他人这样做了。当他们
这样做的时候，他找到了一种方法来利用它们，使其成为自己的优
势。在 20 世纪 50 年代中期，美国空军开始研制一种非常大的发动
机——有史以来设计或制造出的最大的发动机。研发一直在稳步进
行，直到有一天空军决定砍掉这个项目。因为他们无法预见将这种
发动机用作武器的可能性。此外，集群式小型发动机的试验（由苏

联人进行）证明了这种技术更具成本效益和可靠性。1955 年，美国空军决定结束巨型发动机计划，在此之前的一切东西都被封存进了仓库。

然后 NASA 入局了。NASA 诞生后不久，就开启了能够登月的火箭计划。NASA 立即开始四处搜寻，打探美国政府的项目或部门中是否有人已经在研究大型火箭系统，特别是发动机。就在那时，空军巨型发动机项目引起了 NASA 的注意。1958 年，空军将发动机平面图解封，高兴地赠送给了 NASA，NASA 又将副本交到沃纳·冯·布劳恩手上。自从沃纳在"木星-C"和"探险者 1 号"上取得了公认的成功以来，NASA 已经吸取了教训：当涉及大型液体燃料火箭时，就让沃纳负责吧。不久，冯·布劳恩开始负责设计和建造未来的巨型"土星 5 号"运载火箭。

位于加利福尼亚州卡诺加公园的洛克达因公司获得了制造"大发动机"的合同，将发动机正式命名为：F-1。F-1 远远超过了以往任何成功制造过和测试过的发动机。它的设计说明书要求发动机使用液氧和 RP-1（一种煤油混合物），并产生 150 万磅[1]的推力，所需燃烧时长为 159 秒。它每秒将燃烧大约两吨的推进剂。每个燃油泵所产生的力相当于 30 个火车头。五个 F-1 发动机的总功率相当于 85 个胡佛水坝的功率。[2]当谈论 F-1 发动机时，人们用了很多"最"。至少 F-1 发动机出现在了图纸和计划中。但在火箭行业，很少会有任何事情按计划进行。至少那时不会。

当我那做火箭工程师的父亲每天下班回家时，他通常会兴高采烈地走进前门，说一句"大家好，我回来了"，或者其他一些20世纪50年代电视节目流行的笑脸问候语。大概我九岁或十岁时，有一天，他回来时的心情和平常不太一样。他悄悄地、克制地走进了屋子，径直走到他那张旧木桌前，坐了下来，周围笼罩着一种阴郁的气氛。如果不是接下来发生的对话，我很可能早就忘记了那一刻。

他拿出了他最喜欢的书写介质——一本绘图纸。他削了一支铅笔，然后开始在纸上写字。他完全陷入了沉思。当我问他是否愿意和我扔棒球（这是他一直喜欢做的事）时，他没有回答。这种表现非同寻常。

我去厨房告诉我做火箭工程师的母亲（尽管当时我并不知道她在火箭行业做过化学工程师）："爸爸有点不对劲。"

她点点头。"是的，他在工作中遇到了问题。"

"什么样的问题？"

"一个工程问题。那种似乎没有解决方案的问题。"她用毛巾擦干手，并在炉子上她正在做的东西里搅拌了一下，"他们在'金刚'上遇到了问题。"[3]

我看过《金刚》原版的黑白电影，所以对这个词很熟悉。但这和我父亲有什么关系？我感到困惑。我回到他的办公室，说："我听说你在'金刚'上遇到了问题。"

阴郁的情绪消失了，他笑了。他看着我说："你从哪里听来的？"

"妈妈说的。"

"嗯，她是对的。"

就是那时，我第一次了解到 F-1 发动机。我父亲的雇主洛克达因公司的科学家和工程师刚刚开始在圣苏珊娜现场实验室（Santa Susana Field Laboratory，SSFL）测试 F-1 发动机，这间实验室也被称为"山坡"。SSFL 建在 2400 英亩起伏的岩石丘陵上，位于西米谷和我们在洛杉矶西北郊区卡诺加公园的家之间。在这 2400 英亩的土地上，分布着 20 多个巨大的钢梁结构火箭试验台和六个堡垒。在那里，火箭发动机不分昼夜地进行静态测试，从我们居住的圣费尔南多山谷西端靠近岩石小丘的地方，不仅能听到，还能感觉到发动机的轰鸣声。在晚上，这是一场特别有趣的表演，火箭尾焰从山脊上方照亮天空。有时我们会坐在游泳池旁，边看边听。

SSFL 有一种文化，一种深度工程和硬科学的文化，混合着肾上腺素和一群爱点火的年轻人。这片地质学上令人着迷的土地，有着砂岩丘陵和小圆丘，是书呆子世界中真正的王子和国王出没的地方——这是他们的避难所，他们的宫殿，他们的小小天堂。但 SSFL 有一个问题：经常有大量的时间停工。当技术人员安装要测试的火箭发动机时，为推进剂油箱加油时，为测试做准备时，或者修复没完没了的设备故障时，都需要因准备或设置而停工。因此，圣苏珊娜现场实验室的工作环境，造成了工程师们在"忙碌—等待"中切换的生活方式。在这些等待的无聊时间里，火箭工程师会以你能想象到的最幼稚的科学书呆子方式来打发时间。比尔·韦伯就是其中一名工程师。在我们的几次采访中，他一口气说出了许多这样的作乐方式，他要么亲眼所见，要么参与其中。例如，有一位工程师喜欢玩氟。液体氟的威力非常之大，会自发地与几乎任何东西发生反应。这位工程师会从箱子中取出少量的氟到玻璃管中，然后把管子里的东西倒在一块混凝土板子上，兴高采烈地看着氟直接在上面钻出一个又细又干净的洞。还有吉普车比赛。在 SSFL，有几辆"二战"后幸存的吉普车，车况不是很好。每当燃烧液氧的火箭发动机即将进行测试时，工程师团队就会在测试台前来回开着吉普车赛车。看台附近的液氧罐排放出大量纯净的气态氧气，每当吉普车驶过测试区时，化油器就会遇到大量的氧气，笨重的吉普车像一级方程式赛车一样咆哮向前。这就是 20 世纪 60 年代圣苏珊娜现场实验室的生活。

1959 年 3 月 6 日将是 SSFL 历史上一个伟大的日子。就在这一天，F-1 发动机进行了第一次静态点火。这次测试的策划团队拥有很多经验丰富的工程师和技术人员，他们之前见过数百次测试发射。发动机发出响亮而有力的轰鸣声，对于这些人来说已经是司空见惯，甚至几近于无聊。但 F-1 比他们在试验台上安装的任何发动机都要大得多，因此，为了不冒任何风险，他们故意不给推进剂油箱加满油，油量只能让初次测试运行五秒钟。

倒计时开始了，每个人都在祈祷、等待。会发生什么呢？它会爆炸吗？它会按计划发挥作用吗？当倒计时为"零"时，发动机按提示点火，喷嘴里冒出一座火山。工程师们所经历的雷鸣般的重击声，远远超过了他们曾听到或感觉到的任何发动机轰鸣。几秒钟后，随着发动机熄火，SSFL 的岩石山恢复了安静，工程师们张大了嘴，惊讶地站在那里。这是一台超乎想象的发动机。有人给这台发动机起了个绰号叫"金刚"，现在这个大家伙却遇到了难题。⁴

事实证明，F-1 的问题与自 V-2 以来所有大型液体推进剂火箭发动机的问题相同：燃烧不稳定。⁵燃烧不稳定是发动机内部燃烧的推进剂引起振荡效应的一种现象。如果推进剂燃烧不平顺，燃烧室内的压力会以非常快的速度在高压力和低压力之间交替，导致振动，并可能会破坏发动机。燃烧不稳定有点像汽车上的轮胎没平衡好一样。为了使火箭可以载人，燃烧不稳定造成的破坏力是一个必须解决的问题。

他们开始寻找解决方案。幸运的是，工程师们在过去经常遇到这个问题。但在 F-1 这个案例中，即使使用久经考验的方法，解决方案也难以找到。由于控制燃烧不稳定性的科学理论还处于初级阶段，工程师们被迫使用试错的方法，尝试各种不同的想法，直到其中一个碰巧奏效。在 F-1 上，这个解决方案涉及一组挡板，需要将这些挡板巧妙地放置在推进器板上，推进剂就是从那里进入燃烧室的。在经历了两年令人沮丧的测试后，洛克达因公司终于找到优化方案，将挡板排列成恰到好处的金凤花一样的造型。⁶

在得知我父亲在"金刚"发动机上遇到难题的六年后，我有机会近距离目睹了 F-1 的测试。通过洛克达因公司，他设法获得了许可，可以带着我们高中火箭俱乐部的所有成员进入戒备森严的爱德华兹空军基地，并亲自见证 F-1 测试。试验台位于一个沙石遍布的地区，没有绿色植物。基地指挥官说，我们可以站在附近的山脊上俯瞰试验台，观察试验。我记得我们在离测试场大约200 码远的地方。测试如期进行，在我们到达后不久，倒计时就开始了。

关于我的青少年时代，有很多事情我都不记得了。但我永远不会忘记站在那座岩石山上，观看 F-1 发动机测试的那一天。当倒计时达到"零"时，燃烧的 RP-1/氧气推进剂发出明亮的黄色火焰，发动机的喷嘴发出又长又响的咆哮。大地在摇晃，高分贝的声音敲打着我们的耳膜，排出的火焰令人敬畏。然而，我刚刚写的这些话根本不能恰当地描述当时的情形和感受。任何一组精心挑选的副词和形容词都不能准确地表述当时的情形。F-1 发动机的测试是难得的既看不见、听不到，也感觉不到的时刻之一，因为任何看得见、听得见、感觉得到的事情都是可以描述的。F-1 发动机的测试只能体会，不能言传。我永远感谢父亲给了我那段经历。

沃纳·冯·布劳恩一直在设计一种被他称为"新星"（Nova）的巨型火箭，如果这枚火箭真的建成了，它将比"土星 5 号"大三分之一。它还需要一系列新技术和开发参数。由于洛克达因公司最终会解决 F-1 的设计和性能问题，沃纳放弃了巨型"新星"火箭的概念，代之以一个更保守的提议：一枚将成为"土星 5 号"的火箭。"土星 5 号"的体积没有"新星"大，但本身足够重。冯·布劳恩最初将这种新火箭命名为"土星 4 号"（Saturn Ⅳ），"4"指的是底部的四个 F-1 发动机。进一步的计算显示，火箭将需要更大的有效载荷和推力，因此他做了一个简单的设计，在原来的四个发动机中央加上了第五个发动机，[7]并将火箭重新命名为"土星 5 号"。

当燃烧不稳定的故障被排除后，洛克达因公司决定制作一部关于"土星 5 号"及其 F-1 发动机组的纪录片。洛克达因向所有员工发出通知，询问是否有人计划最近将家里后院的游泳池排干。事实上，我们家正有此计划，所以我父亲回复了这条信息。一个摄制组来到我们家，看了看我们的游泳池，说："太棒了。"当纪录片发布时，我们游泳池里漂浮着一只黄色小木筏，一名男子坐在上面。画外音说："'土星 5 号'每秒消耗的推进剂体积相当于一个普通后院游泳池的水量。"然后，池子里的水突然消失，那个人和他的黄色木筏搁浅在了池底。

在写这本书的时候，F-1 在半个多世纪后，仍然是有史以来建造过的最大、最强的液体燃料火箭发动机。自从 F-1 退役后，太空发射的设计已经开始倾向于苏式设计，在底部采用多个小型发动机。苏联的"联盟号"（Soyuz）运载火箭在升空时，总共有 20 个液体燃料发动机在运行。SpaceX 的"重型猎鹰"（Falcon Heavy）火箭在其初始阶段启用了 27 个发动机。

如今，所有剩下的 F-1 发动机都已退役，被放到博物馆或作为废品出售。[8] 与多年前我们高中火箭俱乐部的成员不同，未来的几代人可能永远没有机会"体验"F-1 的点火。在一个使用能量更大的燃料（如氢气），且追求更小、更高性能发动机的时代，可能不会有人再造另一个"金刚"了。

16 北河二、北河三和"新九人"

我要回来了，这是我一生中最悲伤的时刻。

——埃迪·怀特（Ed White）

对美国第一次太空行走的总结

鲍勃·吉尔鲁斯一直不愿与沃纳·冯·布劳恩谈论的"传闻中的双人太空舱"即将公之于众。

随着 NASA 制订了要在 20 世纪 60 年代末将人类送上月球的计划，很明显，为实现阿波罗跨月飞行所需的操控和对接策略，在水星计划和阿波罗计划之间需要一个中间项目。水星计划的太空舱搭载了一名宇航员，阿波罗将搭载三名宇航员，所以这样一个中间项目需要搭载两名宇航员似乎是合乎逻辑的。这个项目被称为"双子星座计划"（Project Gemini），在拉丁语中意为"两个"或"双胞胎"。这个名字来源于黄道十二宫的第三个星座和它的双子星座——北河二（Castor）和北河三（Pollux）。[1]

NASA 预计双子星座计划将进行至少十次发射飞行，每次飞行有两名宇航员，这显然需要招募更多的宇航员。1962 年 9 月 17 日，NASA 宣布了第二批入选的宇航员。这批人被称为"新九人"，这也是团队成员里第一次出现非军方人士。未来宇航员招募的要求可以从此次新的技能组合中体现出来，不仅要有试飞员经验，还要有工程学学位。"新九人"中有四名新成员还拥有高等学历。NASA 及其宇航员招募项目也在随着整个太空计划的发展而不断演进。水星计划的七名宇航员展现出了明显的男子气概和兄弟会男孩的形象，但是 NASA 一直以来都想将宇航员打造为一群训练有素、纪律严明、受过高等教育的专业人士。可可海滩时代，热衷科尔维特跑车、街头赛车、狂欢派对的宇航员形象正日益衰落。

这九名新宇航员将在许多方面创造历史。他们是尼尔·阿姆斯特朗、弗兰克·博尔曼（Frank Borman）、查尔斯·"皮特"·康拉德（Charles "Pete" Conrad）、吉姆·洛威尔（Jim Lovell）、托马斯·斯塔福德（Thomas P. Stafford）、埃迪·怀特、约翰·杨（John Young）、詹姆斯·麦克迪维特（James McDivitt）和埃利奥特·希（Elliot See）。

埃利奥特·希为自己成为一名宇航员而感到自豪，正兴奋地接受"阿波罗 9 号"的飞行训练，在飞行中他将担任指挥飞行员。那是 1966 年 2 月 28 日，离"双子星 9 号"的发射还剩四个月时间，他和副驾驶员查尔斯·巴塞特（Charles Bassett）正前往圣路易斯的兰伯特机场，接受为期两周的常规模拟器训练。麦克唐纳飞行器公司就是在兰伯特机场建造了"阿波罗 9 号"的宇宙飞船，这也是双子星座宇航员模拟器的所在地。当涉及 NASA 相关的旅行时，宇航员团队的惯例是乘坐"头等舱"：NASA 的"诺斯罗普 T-38 禽利爪"（Northrup T-38 Talon）两座喷气式战斗机出行，这两人也是如此。希坐在操控台前，巴塞特就坐在后面。

同样驾驶"T-38"的还有"阿波罗9号"后备宇航员托马斯·斯塔福德和吉恩·塞尔南（Gene Cernan）。当希和巴塞特飞近兰伯特时，希发现跑道隐藏在低低的厚云层和雾下面。尽管情况恶劣，但是希本应能够找到适当的方式着陆，因为他作为试飞员，有着不同天气条件下数千个小时的飞行记录。从地面上看，"T-38"似乎不知从哪里冒出来，它的双喷气发动机尖叫着，发动机的再燃烧装置咆哮着。当希发现他飞得太低了，并没有对齐跑道时，他试图拉起飞机。然而，这样的操控为时已晚，"T-38"撞上了麦克唐纳的101号大楼，两名宇航员当场身亡。

在头顶的天空中，斯塔福德拉升飞机又绕了一圈，认为希的着陆太危险了。当斯塔福德和塞尔南几分钟后着陆时，他们被告知其他两名宇航员都已遇难。

对坠机事件的调查立即展开，艾伦·谢泼德担任主席。委员会得出结论，尽管恶劣天气是一个促成因素，但坠机的主要原因是飞行员的失误。斯塔福德和塞尔南现在成为"阿波罗9号"的首席宇航员，这让其他许多资历较低的宇航员都升了一两级。

其中一位是在第三次招募中被选中的一名新宇航员：埃德温·"巴兹"·奥尔德林（Edwin B. "Buzz" Aldrin）。[2]

双子星座计划标志着太空竞赛进入了一个新时代，在这个时代，沃纳·冯·布劳恩在许多火箭技术方面的主导影响力正让位于一批后起之秀。随着美国开始追赶苏联，其他国家的工程界也开始追赶冯·布劳恩。双子星座的首席设计师不是德国人，而是加拿大人詹姆斯·张伯伦（James A. Chamberlin）。

詹姆斯·张伯伦出生于不列颠哥伦比亚省，和冯·布劳恩一样，他在年轻时就对飞行产生了浓厚的兴趣。在高中时，他喜欢制造和试飞模型飞机。他在多伦多大学获得了机械工程的学位，然后到伦敦帝国理工学院攻读硕士学位。在搬回加拿大之前，他曾在英国飞机制造商马丁-贝克工作过一段时间。在那里，他的工作主要投入在了英国人设计的阿夫罗·安森飞机上。第二次世界大战爆发后，他转到新斯科舍省的克拉克·鲁斯飞行器公司从事反潜攻击机的工作。在张伯伦和其他 24 名加拿大工程师决定离开加拿大加入 NASA 之前，他在不同的公司间跳槽了好几次。

在 NASA，他迅速晋升，最终获得了水星计划总工程师的职位。然后，他负责设计双子星座宇宙飞船。张伯伦希望美国成为第一个用单艘宇宙飞船将多名宇航员送入太空的国家，在不断进步的苏联太空计划基础上实现一个重大飞跃。张伯伦和 NASA 都认为双子星座将实现这一目标。然而，美国又一次发现自己取得的是第二名。当 NASA 准备发射第一艘搭载两人的双子星座宇宙飞船，以便测试发射和重返大气层的机制时，苏联发射了"上升 1 号"（Voskhod 1）。那是 1964 年 10 月 12 日，"上升 1 号"太空舱里搭载的不是两名宇航员，而是三名。在保持太空竞赛领先者地位的过程中，苏联不屈不挠，十分成功。

在 1965 年到来时，美国和苏联确实有一个共同点：它们都意识到载人航天飞行是多么复杂。这两个国家都经历过意想不到的失败，都从艰难的经历中认识到，如果墨菲定律（Murphy's Law）[3]只适用于生活的某一领域，那就是航天。当克里斯·克拉夫特、吉恩·克兰兹同宇航员团队、任务控制中心一起为 NASA 的第二次也是最后一次无人双子星座任务做准备时，墨菲定律有力地生效了。

"双子星 2 号"发射的上午，所有的倒计时工作都在按规定进行着。"泰坦 2 号"（Titan II）火箭是由洲际弹道导弹改装而成的，它按计划顺利升空。然而，任务控制中心的地面人员就没那么幸运了。尽管这次任务是非载人飞行，但发射吸引了一大批新闻媒体。就像之前的发射一样，媒体将他们的灯、相机和其他设备都插入了任务控制中心的电源插座。不幸的是，由于插入了太多耗电设备，导致系统超载，整个任务控制中心的主要房间都遭遇了大规模停电。他们的灯光、控制台、电脑和通信系统都无法工作。据吉恩·克兰兹说，房间里太暗了，"我都看不清我的秒表"。[4]

幸运的是，停电发生在"双子星"离开发射台后，这个时候休斯敦的新控制中心已经开始启动并投入运行，发射控制员的职责也减轻了。尽管如此，对于像吉恩·克兰兹这样痛恨失败的人来说，这是不可接受的，他立即为来访的媒体制定了一套新的规定。在新规定中，所有电视、广播和纸媒记者，都必须自备电源。从那一天开始，便携式发电机在任务控制中心外面随处可见。

双子星座的主要目标是：

1. 练习舱外活动或"太空行走"。

2. 用第二艘飞船练习交会。

3. 练习分离对接操纵。

4. 首次携带和使用机载计算机系统。

5. 测试并使用燃料电池作为电源，为即将进行的长时间飞行做准备。

6. 证明人类不仅可以忍受漫长的太空飞行，还可以在太空中工作。

在"双子星 1 号"和"双子星 2 号"成功发射后，第一次载人发射定于 1965 年 3 月 23 日进行。随着最后时刻的临近，冯·布劳恩和科罗廖夫提出的多人太空旅行的愿景将触手可及。吉恩·克兰兹在他的回忆录《失败不可接受》（*Failure Is Not an Option*）中写道："坐在克拉夫特旁边，我即将进入一个新时代，和从莱特兄弟的飞行器到 20 世纪 30 年代战斗机的飞跃一样，绕过了 20 年的正常发展。随着双子星座计划的推进，我们直接迈向了未来。"[5] "绕过了 20 年的正常发展"，重申了肯尼迪总统在 1961 年设定的看似不可能实现的目标。要在九年内登上月球，需要在高度压缩的时间段内实现技术上的巨大飞跃，到目前为止，NASA 已经勉强实现，而且刚巧按计划进行。

"双子星3号"选择格斯·格里松作为主飞宇航员，约翰·杨担任副手。格里松参与了双子星太空舱的设计，所以很自然地，他被分配到了双子星太空舱的处女航行中。约翰·杨是从第二批宇航员中挑选出来的，在加入NASA宇航员队伍前，他曾是一名海军飞行员。组合宇航员是一项综合了科学、艺术和心理学的工作。虽然有其他人比杨更训练有素、经验丰富，但他的技能和个性似乎与格里松配合得最好。一起工作时，两人相处得很好，都有强烈的团队合作意识，因此负责NASA大部分飞行成员选拔的德克·斯莱顿决定让他们配对，参与双子星的处女航行。克兰兹的回忆录写道："（格里松和杨的）宇航员组合被证明是非常棒的。两人都只有单纯的飞行愿望，他们一起工作是一种纯粹的乐趣。"[6]

飞行员享有为自己的飞机命名的特权，这是航空界一个传统。由于几乎所有的宇航员都来自飞行员队伍，这一传统自然被带入了航天飞行器编队。对着"双子星3号"的太空舱，格里松和杨心照不宣地将其命名为"莫莉·布朗"（Molly Brown）。[7]

当倒计时为"零"时，没有任何故障或延迟，"双子星3号"很快就进入了它计划飞行的第一个轨道中。"双子星3号"的任务目标设定得很低：只需要将两个人送入轨道，让他们绕地球几圈，证明双子星的设计适合太空，然后把宇航员带回来。当他们坠入大海时，格里松和杨完成了一次教科书般的飞行任务。

17 X 计划

紧密联系的飞行控制员群体开始怀疑有事情不对劲。

——吉恩·克兰兹

大多数早期的宇航员来自海军，但埃迪·怀特是从空军调来的。和几乎所有的宇航员兄弟一样，他也曾是一名试飞员。他出生于得克萨斯州的圣安东尼奥，曾就读于西点军校，之后被任命为少尉。从飞行学校毕业后，怀特在西德飞行了近四年，驾驶"F-86"和"F-100 佩刀"（F-100 Sabres）。回到美国后，他获得了航空工程硕士学位，最终在加利福尼亚州爱德华兹空军基地担任试飞员。当 NASA 发出新一轮宇航员招募的消息时，怀特报了名，并最终被选为"新九人"的一员。随后，他被选为第二次载人双子星座任务——"双子星 4 号"的宇航员。他的副手将是詹姆斯·麦克迪维特，也是一名空军飞行员。

1965 年 1 月，埃迪·怀特去参加"双子星 4 号"的例行飞行训练，至少他认为是。"双子星 4 号"的发射日期即将到来，定于 5 月下旬进行。在他到达后不久，克里斯·克拉夫特把他叫到一边，说要给怀特透露一些他必须保密的信息。克拉夫特说，苏联拥有每一项载人航天的首创纪录，现在是时候把美国写进纪录了。怀特随后被告知，在"双子星4号"的航行期间，他将进行世界上第一次舱外活动——他将离开太空舱，飘浮在太空中，只有宇航服提供所需保护。克拉夫特问这位新宇航员是否愿意，怀特立即表示同意执行该任务。克拉夫特随后提出了他的计划，让怀特在完全保密的情况下，为舱外活动进行培训，只有少数工程师和技术人员知道这件事。

到1965年3月中旬，埃迪·怀特已经花了两个多月的时间，秘密地为世界上第一次太空行走进行训练。他认真对待这一任务，像一台毫不懈怠的机器一样努力工作。3月19日上午，他开车进入了休斯敦训练场的停车场。在接近入口处时，一名保安问怀特是否读过晨报或听过新闻。怀特摇了摇头，保安递给他一份《休斯敦纪事报》。标题让他既震惊又失望——前一天，一名苏联宇航员成功地完成了世界上第一次轨道舱外活动。

怀特默默地交还了报纸，然后走进大楼继续他的训练。

尽管失去了以美国人的身份创造世界首个重要太空纪录的机会，但NASA内部的变化将意味着在"双子星4号"执行任务期间，将开创许多地面工作的第一次。这将是第一次充分利用新的休斯敦任务控制中心，第一次使用克拉夫特的24小时三班倒系统，也是吉恩·克兰兹第一次担任八小时轮班飞行总监。同时，他将以白队队长的身份担任总监。

休斯敦任务控制中心综合大楼有三个飞行小组：红队、白队和蓝队。由克拉夫特率领的红队将负责宇航员进行飞行实验和飞行操控的八个小时。由约翰·霍奇领导的蓝队是计划班组，他们将负责帮助宇航员和任务控制中心的成员为即将到来的工作、实验和飞行演习做准备。在红队和蓝队之间，是克兰兹的白队。白队将负责让宇航员入睡（考虑到他们不想休息，更不用说睡觉了，这将是一项困难的工作）。然后，在休眠阶段，白队将对航天器进行一系列检查，以确保其所有系统运行正常。各队的颜色正是美国国旗的颜色，而这并不是巧合。轮班的顺序也被安排为：红队、白队和蓝队。在两年内，这三支队伍将扩大到 11 支，每支队伍都有不同的颜色。[1]

"双子星 4 号"的任务中，第一次不再用姓名而是用头衔来称呼飞行控制员。从此以后，宇航员和地勤人员将他们简称为"飞控员"。

"双子星 3 号"发射一周后，克里斯·克拉夫特把克兰兹带进了他的办公室。克拉夫特关上门，告诉了他计划在"双子星 4 号"航行时进行舱外行走的秘密。克拉夫特对苏联人提前两周实现舱外行走，抢走了他的风头感到气愤，他下定决心，无论如何都要把美国写进历史纪录。新的计划将不是执行世界上第一次舱外行走，而是执行持续时间最长的舱外行走。怀特将执行比宇航员阿列克谢·列昂诺夫更长时间的舱外行走，即使只比他多一分钟。克拉夫特厌倦了苏联人保持着所有纪录的事实，现在是美国人创造一个纪录的时候了，即使是如此微不足道。然后他告诉克兰兹，埃迪·怀

特在过去的两个月里，已经为舱外行走任务进行了秘密训练。"我
希望由你来制定规则，把我们执行任务所需的数据包都放在一起。"
克拉夫特说，"这是有风险的，但我认为在麦克迪维特的任务中进
行太空行走值得一试。"[2]他再次向克兰兹强调，希望对NASA内
部的几乎所有人保守任务变更的秘密。如果舱外行走因准备不足而
不得不取消，克拉夫特希望在不陷入公关危机的情况下取消它。

　　克兰兹走出了办公室，决心确保"双子星4号"的宇航员团队
已经做好了充分的准备。当他开始计划如何在保密的同时完成这项
任务时，他决定给舱外行走任务贴上"X计划"的标签。他喜欢这
个名字，它给人一种特工或者间谍一样的氛围。

　　当克兰兹的妻子玛尔塔忙着把家搬到得克萨斯州的迪肯森时，
吉恩开始两班倒。下午5点，他会离家去吃晚饭。然后，他将回到
办公室，与X计划特别工作组一起工作。他按这个日程表持续工
作了整整一个月，直到其他人开始怀疑有什么不对劲。5月10日，
在一系列例行工作通报会期间，仍未提及舱外行走的计划。

　　5月10日的会议结束后，克兰兹召集了一次远程太空舱通信
员会议，这些通信员是在澳大利亚和夏威夷负责远程无线电前哨站
的宇航员。他给了他们每个人一个双层密封的信封，并指示他们在
将来某个日期接到他发出的命令前，不要打开信封。如果没有这样
的指示，必须将信封永远保持密封状态。在信封里，克兰兹不仅放
入了怀特将秘密尝试舱外行走的信息，还增加了另一项任务：将双
子星太空舱与其分离的助推器的火箭会合。这样的操作不仅是执行

阿波罗任务所需的对接操作演习，也将是美国可以写入太空历史的"第一次"。

此时，一种别出心裁的着装将被载入 NASA 的历史和文化。为了保持对团队身份的认同和渴望，玛尔塔为丈夫缝制了一件背心，只要他在担任飞行控制员时，就会穿上。这件背心是白色的，与吉恩团队的颜色相匹配。1965 年 6 月 3 日，在"双子星 4 号"的发射日，他穿着这件背心第一次在得克萨斯州休斯敦的 NASA 新任务控制中心工作。

几小时后，埃迪·怀特完成了不再是秘密的舱外行走，创造了这一过程的最长纪录。然而，他玩得太开心，甚至不愿结束任务。在预定的太空行走时间结束时，NASA 命令他返回太空舱。后来，怀特说："我要回来了，这是我一生中最悲伤的时刻。"

由于麦克迪维特未能完成与"泰坦 2 号"火箭第二子级的精确会合，这次飞行的圆满成功受到了影响。NASA 当时还不熟悉轨道力学，但从"双子星 4 号"中获得了一些经验，这将在以后"双子星 6 号"的任务中得到回报。

在"双子星 5 号"的任务中，一名水星计划的宇航员将再次与"新九人"中的一名成员配对：飞行能手戈登·库珀和皮特·康拉德。库珀是一个合乎逻辑的选择，因为"双子星 5 号"有一个尽量增加飞行时长的任务，而他在水星计划中的轨道和空间飞行记录比所有其他宇航员的总和还要多。NASA 需要知道人类能忍受多久的太空飞行。当时苏联人保持着五天的太空飞行时长纪录。但 NASA

希望至少持续八天，即完成一次基本登月任务所需的天数。人类有可能在失重环境中存活那么久吗？许多医学专业人士对此表示怀疑。"双子星5号"的任务就是回答这个问题，因此宇航员们被指派（并成功地完成）了一次八天的破纪录任务。[3]

一旦双子星宇宙飞船的适航性，以及人类在太空中长期生活、工作的能力被证实，就到了着手研究机动性、交会和对接等具体细节的时候了。没有这些技能就不可能成功登月。

18 北河二、北河三和"第三批14人"

成功的概率很难估计，但如果我们不去寻找，成功的机
会就是零。

——朱塞佩·科科尼（Giuseppe Cocconi）

菲利普·莫里森（Philip Morrison）

在爱德华兹空军基地士兵营房后面的山上，有一条非官方的跑步小径，供那些想要保持身材的军人使用。它陡峭、多岩石，到处都是响尾蛇。下午气温超过100华氏度是很常见的。就在这样的一天，迈克尔·柯林斯（Michael Collins）正站在小径上，弯下腰，双手放在膝盖上，努力克制住呕吐感。由于天生身体健壮，他一生中大多时候都可以不用锻炼身体。他还常常每天抽两包香烟。

作为"第三批14人"中的一员，即继最初的"水星七人"和"新九人"之后的第三批宇航员，柯林斯获得了极大的勇气和自信。他击败了其他数百名非常合格的候选人。他现在不就是被选中的精英的一员吗？他被派去执行一项重大的太空飞行任务只是时间问题，不用担心。

但他一直在密切关注着宇航员队伍的其他成员。他们中的大多

数人有着与他截然不同的生活方式，并且表现比他优秀。在吸烟非常普遍的时代，许多宇航员都不吸烟，且很多人定期进行锻炼。弗兰克·博尔曼、吉姆·洛威尔和埃迪·怀特都被选入了第二批宇航员，柯林斯注意到，他熟悉的、与他同等军衔的人都在他之前被选中了。博尔曼和洛威尔似乎注定要成为伟大的宇航员，而且他们都不吸烟，有跑步的习惯。柯林斯在试飞员学校认识了博尔曼，在那里他们共用一张课桌。他在西点军校时，就认识了埃迪·怀特，当时他们还是一年级新生。像博尔曼和洛威尔一样，怀特也是一名狂热的跑步爱好者。柯林斯与许多其他宇航员的人生起点大致相同，然而，当到了为"双子星 7 号"具有历史意义的 14 天飞行挑选宇航员时，柯林斯成为洛威尔的后备员，而他不得不满足于此。

他试图把这种情绪藏起来，但它如鲠在喉。

1962 年春天的一个星期天，迈克尔·柯林斯决定是时候改变了。那天早上，他醒来时"头疼得厉害，喉咙就像一根旧烟道，比莫哈维沙漠的沙子更干、更脏"。[1] 他思索了自己的命运和个人健康，也考虑了自己在宇航员队伍中的地位，决定是时候占据自己应有的位置了。他举起一包香烟，对妻子大喊誓言，等这包烟抽完，他将永远戒烟。两个小时后，他深深地吸了一口最后的烟。

第二天，有一个为期四小时的试飞驾驶任务，试飞一架刚装了一套新发动机的"B-52"轰炸机，安排柯林斯担任副驾驶员。在起飞后不久他就出现了颤抖和坐立不安，这与尼古丁戒断有关。"就像一个出牙期的婴儿一样，我流着口水，咀嚼着指尖、铅笔、手帕

135

角。我吐着想象中的烟圈，用力吸气，然后断续地呼出一口口烟。我把能拿到的每件东西都攥了一遍。"[2]

当时，在美国所有的载人航天飞行中，汤姆·斯塔福德和沃利·席拉的"双子星6号"及其继任者"6A号"将是最关键和最具历史意义的。载人飞船将首次与另一艘飞船会合，这是一张必须支付的重要欠条，以确保即将到来的月球任务的成功。当时的计划是在双子星发射前几分钟发射一枚"阿金纳"（Agena）火箭（现在被称为"阿金纳目标飞行器"，ATV），然后让双子星宇航员与阿金纳会合并对接。1965年10月25日，斯塔福德和席拉乘坐发射龙门升降梯到达平台，在那里他们将进入"双子星6号"飞船。发射台负责人古特·温特（Guenter Wendt）帮助他们入座。

每个宇航员在航天器舱门关闭之前，看到的最后一个人都是温特，这表明德国人仍在多方面深入参与美国太空计划。温特在第二次世界大战期间曾是一名机械工程师，经常被指派维护夜间飞行的空军战斗机。然而，与冯·布劳恩团队成员不同的是，他在战后留在了德国，直到1949年才移民到美国。在能够获得美国公民身份，并被提升到可以执行更重要的任务之前，他花了六年时间在麦克唐纳飞行器公司担任卡车机械师。1961年，他开始担任发射台负责人，并发射了一只名为"汉姆"的黑猩猩。此后，他在整个水星计划的任务中担任着发射台负责人的角色，并将继续在双子星座计划中担任同样的角色。宇航员们很快就开始把他的笑脸及和蔼可亲的举止视为一种吉祥的护身符。但他对于自己在发射台上的权威地位是固执而坚定的。皮特·康拉德曾这样评价他:"和古特相处很容易,只要你认同他的意见。"[3]

然而,10月25日那一天没有吉祥护身符。"阿金纳"火箭在发射后不久,第二子级就爆炸了,"双子星6号"的会合目标炸成数千块碎片落入了大西洋。

当斯塔福德和席拉得到这个坏消息后,走出太空舱,向古特挥手告别,然后回到了电梯里。当他们到达地面时,关于如何保留会合任务的讨论已经在进行中了。在失败后的几个小时内,沃尔特·伯克和约翰·亚德利,两位麦克唐纳飞行器公司的高管,就在克拉夫特的办公室里提出了一个方案。"双子星7号"很快就可以准备好发射,为什么不同时发射两艘飞船,并让"6号"与"7号"进行会合呢?这两艘飞船无法对接,但至少可以让宇航员练习会合技能。席拉和斯塔福德立即对这一想法表示赞同,但这一计划仍需得到"双子星7号"宇航员团队弗兰克·博尔曼和吉姆·洛威尔的许可。

从来没有哪个国家试图在如此短的时间内发射两枚载人火箭。有了"阿特拉斯""阿金纳"和"泰坦"火箭,美国的发射能力突飞猛进,逐渐追上苏联。"双子星6号"与"双子星7号"的会合任务雄心勃勃,但充满风险。如果这一任务能够完成,美国就不用再玩追赶游戏了。尽管苏联人仍将在这里或那里创造更多的第一,但是如果美国完成两艘载人飞船的双发射,且稍后实现会合,这将使美国在太空霸权方面处于领先地位。

为了使"阿金纳"爆炸后的新计划得以实施，需要做出许多改变。首先，"双子星7号"的助推器对于双子星常用的6号发射台来讲，过大过重，所以两次发射的整个操作都必须转移到19号发射台。

为增加任务成功的概率，"双子星7号"安装了雷达信标，以帮助提高会合的精度。在"双子星7号"最初的任务上，只进行了少量变动以适应新的计划。"双子星7号"一直被计划用作另一个耐力飞行测试——一个持续14天的飞行测试。然而，为了使会合更加容易，它的轨道飞行计划不得不从椭圆形改为圆形。

这次任务取得了出乎意料的成功。当"双子星7号"在轨道上飞行了11天后，"双子星6号"（现在更名为"双子星6A号"）的斯塔福德和席拉赶上了博尔曼和洛威尔，并与他们会合。席拉驾驶"6A号"，与"7号"一起机动超过五个小时，两艘飞船相距100到300英尺。世界上第一次太空会合之所以如此独特，是因为飞船具有"平移"的能力，即无须转动、偏航或滚转的机动能力。飞船可以在许多不同的姿态和轴线上操控推进器，而无须像在大气环境中一样滚转飞行。这是一种人类从未体验过的新型飞行方式。

席拉后来这样描述这段经历："也许精致的和谐是我们无法企及的……但我在'双子星6号'的任务中距离这种和谐最近。就在我们成功会合的时刻。我当时在操控台前……以'双子星7号'为中心绕圈飞行。"[4]

如果有人怀疑试飞员是否为挑选宇航员的最佳标准，那么"双子星 8 号"的事件就会消除这些疑虑。由尼尔·阿姆斯特朗指挥，戴夫·斯科特（Dave Scott）驾驶，这次任务将经历当时美国航天计划中最可怕、最危险的时刻。

飞行计划要求将"阿金纳"火箭的上层子级送入地球轨道，之后阿姆斯特朗和斯科特将乘坐"双子星 8 号"飞船发射，赶上"阿金纳"，与其会合并对接。登月需要多次对接操作，这是准备登月所需的众多操作练习之一。在机组人员进入轨道后，负责太空舱通信员控制台的吉姆·洛威尔用无线电发出提醒："如果你们遇到麻烦，且'阿金纳'的姿态控制系统失灵，只要发出 400 号指令来关闭它，接管飞船控制就可以。"[5]

追赶和对接"阿金纳"的任务按常规进行，毫无意外。但在对接后的几分钟内，任务开始出现严重错误。斯科特监视着测量他们高度的"八球"（8-Ball）[6] 显示的数值，注意到读数偏离了中心。推进器几次试图稳定飞船并将其推回原位，但均以失败告终。此时他们假设，当下正属于洛威尔提醒的情形，因此他们向"阿金纳"发出了 400 号指令，但翻滚仍在继续。宇航员们做的处理似乎没有任何效果，他们的飞船在继续旋转，甚至更加失控。如果这个问题持续下去，两艘飞行器很有可能在对接口处解体，这可能将是灾难性的、致命的。他们进入了与任何一个地面站都联系不上的通信"死区"，因此无法请求援助，而且飞船控制机动的燃料正在耗尽，他们陷入了问题旋涡中。两名宇航员达成一致——必须中止对接。

不管"阿金纳"出的是什么问题，都将危及他们的生命。斯科特拨动开关从"阿金纳"上脱离，两艘飞行器似乎成功分离。

斯科特启动了他的机动推进器，试图重新控制太空舱，但令两人惊讶的是，旋转问题变得更糟了。与较重的"阿金纳"断开连接反而加剧了旋转。就在此时，他们才意识到问题不是出在"阿金纳"上，而是出在他们自己的飞船上。

此刻，驻扎在太平洋中部一艘海军舰艇上的宇航员兼太空舱通信员吉姆·福奇（Jim Fucci）开始接收到了"双子星8号"的信号，他听到的内容是："我们遇到了严重的问题。我们……我们正在不断翻滚。我们与'阿金纳'脱离了对接。"[7]随着太空舱的翻滚，它的天线一直在移动，导致通信不稳定。指导手册上没有提到这个问题，福奇不知该如何向他的同事们提出建议。随着翻滚的加剧，重力和离心力将使宇航员处于昏迷的危险中，这相当于被判了死刑。

根据指导手册，这种情况应中止任务。但这是一个非常重大的决定，在没有任务控制中心参与的情况下不可以这样做。几分钟过去了，夏威夷地面站成为下一个通信链路。任务控制中心花了不到一分钟就提出了他们的建议：中止任务，开始重返大气层。宇航员们启动了 RCS 发动机，这是一个只能执行一次的动作，并使飞船恢复了正常姿态。任务控制中心给了他们开始降落和重返大气层的坐标。作为任务的主控宇航员，尼尔·阿姆斯特朗此刻将创造一项新纪录：第一位对飞船进行紧急迫降的宇航员。他在压力下的冷静举止，将在为世界第一次登月行动挑选宇航员时，成为加分项。

虽然 NASA 确信它已经解决了困扰"双子星8号"太空舱机动性的问题，但"双子星9号"也出现了重大失败，不过原因不同。

"双子星9号"似乎从一开始就受到了诅咒。首先，希和巴塞特在"T-38"喷气式战斗机坠毁事件中丧生后，托马斯·斯塔福德和吉恩·塞尔南不得不代替他们执行任务。然后，NASA 拒绝放弃与"阿金纳目标飞行器"的对接任务，于1966年5月17日发射了另一艘 ATV，供"双子星9号"进行对接。但 ATV 发生故障，未能进入轨道。作为后备，NASA 将一个增强型目标对接适配器（Augmented Target Docking Adaptor，ATDA）装载在"阿特拉斯 SLV-3"火箭上，于1966年6月1日发射，并确实进入了轨道。但发送到地面的遥感勘测信息显示，发射过程中覆盖对接端口的整流罩出现了问题。

两天后，也就是6月3日，斯塔福德和塞尔南被送入轨道，追赶 ATV 并与其对接。当斯塔福德和塞尔南靠近 ATV，且火箭出现在视线内时，他们震惊地发现 ATDA 的整流罩仍然连在飞行器上。在这种情况下无法进行对接。为尝试弥补这次任务，需要在 ATV 周围进行各种会合机动演习，但真正的对接任务将不得不等待下一次机会。

后来的一项调查确定，导致对接整流罩丢弃故障的原因为麦克唐纳飞行器公司的技术人员在地面上组装时的一个基本操作失误。

141

由于自负和愚蠢，那些对 ATDA 组装有适当了解的人都被麦克唐纳的员工拒之门外，他们声称自己不需要帮助。

"双子星 10 号"将是吉恩·克兰兹不在任务控制中心的第一次任务。他已经不再承担任务控制中心的训练和会议职责，正为即将到来的阿波罗任务做准备。

约翰·杨和迈克尔·柯林斯驾驶了"双子星 10 号"。任务的目标又一次设定为与"阿金纳"火箭会合对接，同时进行至少一次舱外行走。除了埃迪·怀特最初的太空行走外，所有的双子星舱外行走都没有按计划进行。不是因为宇航员太快疲惫，就是因为一些不可预见的小故障，或者受制于一些简单的错误。和之前一样，一枚"阿金纳"火箭在两名宇航员出发之前被送入轨道，他们可在大约 100 分钟内赶上火箭。

这次，交会对接成功终成定局。杨和柯林斯不仅能与"阿金纳"对接，还将其飞到创纪录的高度，他们甚至设法飞越并与仍在轨道上飘浮着的、在"双子星 8 号"失败任务中失能的"阿金纳"会合。尽管他们三次舱外行走的尝试都遇到了问题，但"双子星 10 号"的椭圆形轨道最高处为 763 公里，创造了载人航天的新高度纪录。美国人慢慢地、稳步地把苏联创造的太空纪录推到了一边，用自己的纪录取而代之。

"双子星 11 号"由查尔斯·康拉德任主驾驶员，理查德·戈登（Richard F. Gordon）任驾驶员，把"双子星 10 号"的成功推向了更高处。他们与另一枚"阿金纳"进行会合的机动更加完美,他们的飞船只用了 1 小时 34 分钟就赶上并与"阿金纳"实现对接。对接后的航天器比以往任何一次任务都飞得更远,打破了"双子星 10 号"的高度纪录,最高高度为 1369 公里。这项任务还测试了人造重力——利用离心力创造出一种重力感。这两艘飞船被故意设置为缓慢的旋转状态,以检验这一概念。这个概念被数十名科幻作家和科学家提及过,并因斯坦利·库布里克的电影《2001:太空漫游》(*2001:A Space Odyssey*)而广为人知。[8]

如果不是因为另一个舱外行走的问题,这项任务本应非常完美。理查德·戈登进行了两次太空行走,总计 2 小时 41 分钟,但第一次太空行走原定两个小时,由于疲劳不得不在 30 分钟后中止。

"双子星 12 号"上的两名宇航员分别是詹姆斯·洛威尔和埃德温·奥尔德林。NASA 担心舱外行走还不够完美。为了克服这一障碍,他们求助于前水星计划宇航员斯科特·卡朋特。虽然整个事件一直没有公开,但克里斯·克拉夫特对卡朋特在"水星—阿特拉斯 7 号"飞行中的表现感到非常不满,那次飞船降落的位置离目标位置差了 250 英里。[9]克拉夫特指责卡朋特要为此次任务和其他错误负责,并永久禁止卡朋特进行更多的太空飞行。卡朋特离开了 NASA,去研究海底科学,但他最终回到了 NASA,通过水下训练教宇航员如何处理失重情况下的舱外行走。卡朋特的贡献将被证实是卓有成效的。

由于整个双子星座任务前述的所有失误、成功和丰富的经验，"双子星 12 号"将成为 NASA 帽子上的羽毛。洛威尔和奥尔德林执行了已成惯例的与"阿金纳"火箭的会合对接任务，并完成了一系列科学实验，创造了好几次太空第一。但他们最大的成功是最终完善了舱外行走。卡朋特的水下训练，再加上太空舱重新设计的外部约束和手柄，使奥尔德林实现了任务的所有舱外行走目标。

载人双子星座任务从 1965 年 3 月 23 日"双子星 3 号"的发射开始，直到 1966 年 11 月 15 日"双子星 12 号"的降落结束。这是一个雄心勃勃的项目，将每个人的耐力都推到了极限。值得注意的是，在美国双子星座计划的一年半时间里，苏联没有进行过一次载人航天任务。这个曾经伟大的太空探索领先者意外地、莫名其妙地出现了停顿。

每个人都开始想知道苏联人到底在谋划什么。

19 地球轨道会合、月球轨道会合和登月舱

NASA 的运转……与军方的许多共同点之一就是几乎
从不休息。

——吉恩·克兰兹

在太空活动早期，由于硬件设计是最早概念化的，工程师们
跟随了科幻作家和电影公司很早之前设定的模型。娱乐界设想的
月球火箭高大、银色、光滑，符合空气动力学，并带有尖尖的锥
形头部和宽大的尾翼。它将作为一个单一的运载工具降落到月球
表面，然后在返航起飞时，结构仍然完好无损。火箭内的宇航员
将被绑在舒适的大躺椅上，因为他们需要与几倍的重力加速度做
斗争。然后火箭将返回地球，看起来与它离开月球时的样子一模
一样。这种设想曾被 NASA 认真地考量过一段时间，甚至给它起
了个名字——"直降"（direct descent）。1958 年，沃纳·冯·布
劳恩曾脱掉工程师的帽子，以作家的身份出版了一部名为《最先
登上月球的人》（*First Men to the Moon*）的中篇小说作品。在故事
中，一枚巨大的火箭搭载着几名宇航员，向月球发射了一枚较小
的火箭，小火箭完好无损地着陆，随后起飞，并以单一子级的形

式返回了地球。[1]

没过多久，现实就打破了作家和电影制作人的幻想，作为可行选项的"直降"被抛弃了。有两方面的原因使得在月球上"直降"航天器不切实际，而且过于昂贵：一是月球的重力要小得多，二是月球缺乏足够的大气压。由于没有大气层，登月火箭根本不需要有圆滑的空气动力学外形设计，头部椎体和尾翼也完全是多余的，甚至是荒谬的。利用现在人们熟知的分级发射的好处，没有理由不把月球登陆舰的一部分抛弃掉。任何用完的且返航不需要的东西，都可以留在月球上。

摒弃登月飞行的直降概念，完全违反了儒勒·凡尔纳和好莱坞提出的关于月球和行星着陆的浪漫愿景——这一幻想在 20 世纪 60 年代到来前已经存在了几十年。但宣扬这一愿景的不仅是作家和电影制作人，他们还得到了终极太空预言家沃纳·冯·布劳恩的协助。他从小就设想过飞船完整地降落在月球上，然后再完整起飞的情形。

某种类型的宇宙飞船需要在月球上着陆，那它会是什么样子？或者，更重要的是，它应该是什么样子？起初，工程师们只是把这艘未来未知的飞船称为"着陆器"（the lander）。在整个设计阶段，着陆器经历了许多概念上的变化。每一磅落在月球上的重量都必须先从地球上发射出去，然后再从月球上带回来，所以重量几乎是它各方面的设计都要考虑的决定性因素。

如果着陆器成功完成其最终的太空飞行任务，将获得一长串

"第一"，而不仅是登上月球。

这将是第一个专门设计用于太空飞行的载人航天器，第一个降落在地球以外天体上的航天器，第一个依靠自身动力直立着陆的航天器，第一个从另一个天体发射无线电和视频的载人航天器，等等。它还将创造可靠性纪录，作为阿波罗登月任务中唯一一个从未经历过失败的部件。

着陆器的大小、形状和总体设计取决于另一个非常关键的因素：一场关于解决方案的激烈幕后辩论。

大家一致认为，未来的月球之旅需要离开地球轨道、飞向月球、进入绕月轨道、降落在月球上，然后从月球起飞，返回地球轨道。然后，作为旅程的最后一步，设备需要能够承受重返大气层的高温，并将宇航员安全带回家。什么样的飞行器可以完成以上这些事呢？工程师们很快意识到，这种飞行器的设计将完全取决于在地球轨道会合和月球轨道会合之间如何抉择。

地球轨道会合（Earth Orbital Rendezvous，EOR），是一项涉及两艘飞船被发射到地球轨道的飞行计划提案，包括一艘"母舰"和一艘较小的月球登陆舰。两艘飞船将在地球轨道会合，在预先建造的空间站补给燃料，然后一起离开地球轨道前往月球。最终，一艘或两艘飞船将返回地球。包括沃纳·冯·布劳恩在内的许多工程师都强烈支持这一计划。

月球轨道会合（Lunar Orbital Rendezvous，LOR），与 EOR 有很大不同。在 LOR 计划里，母舰和搭载其上的较小飞船将一起前往月球，并在那里绕月球轨道飞行，然后将较小的那艘飞船送上月球。返程时，较小的飞船将离开月球，与母舰会合。在月球轨道上丢弃着陆器后，宇航员们将返回地球。许多工程师更喜欢这个计划，很快NASA就分成了两个阵营，每个阵营都在为自己的观点进行激烈的争论。

EOR的优势在于不需要那么大的助推火箭，因为这两个飞行器将被分别发射。它的缺点是需要事先建造一个空间站。LOR将需要一枚具有惊人推力的巨型火箭，但不需要空间站。

有趣的是，LOR概念早在1923年就由德国火箭科学家赫尔曼·奥伯特提出来了。然而，在"伴侣号"项目后不久，这个想法开始在NASA兰利研究中心的大厅里悄悄地重新萌芽。然而，尽管有它的优势，LOR的概念"在未来一段时间内，在NASA内部兰利研究中心之外的地方都无人关心"。[2]

关于EOR和LOR的辩论成为一长串"演出终结者"中的一个。这场辩论持续了一年多，就像所有政府资助的辩论一样，它产生了大量的文书工作。一位参与讨论的工程师抱怨说："如果NASA生成的所有文件都堆积在一起，堆叠的文件将会比宇宙飞船更早到达月球。"[3]

1962年4月，冯·布劳恩和他的助手们参加了在太空飞行中心（Space Flight Center）举行的工作简会。会议包括两类飞行计划的支持者，像往常一样，辩论变得激烈起来。然而，有一件事与以往不同：LOR的支持者做了功课，并进行了数学推导。在他们用数学和工程学清晰有力地阐述了为什么 LOR 应该赢得这场辩论后，就连冯·布劳恩也开始动摇了。一位阿波罗的项目总监，曾经是 EOR 方案的支持者，被 LOR 方案说服了。他站了起来，问道："我听了这些月球轨道会合的优势，我想听听哪个笨蛋认为这不是正确的做法。"冯·布劳恩站起来承认，LOR 确实有真正的优势，但他并没有让步。三周后，会议重新召开，令所有人感到惊讶的是，冯·布劳恩宣布："我们支持月球轨道会合计划，这是太空飞行中心的立场。"他后来告诉一位亲密的伙伴，他真正在意的是登月，而不是赢得争论。[4]

1962 年 7 月 20 日，在 NASA 大厅进行了漫长而激烈的争斗后，NASA 局长詹姆斯·韦伯（James E. Webb）和副局长罗伯特·西曼斯（Robert C. Seamans）博士召开了一场新闻发布会，宣布 LOR 方案取得了胜利。最终，这个决定就像美国登月计划的许多其他方面一样，属于单纯的实用主义的胜利。他们只是没有足够的时间和资金来建造 EOR 所需的空间站而已。

自此，NASA 又多了一个专业术语：月球游览舱（Lunar Excursion Module，LEM），简称为登月舱（Lunar Module，LM）。[5]

当飞行方案确定后，登月舱终于可以进入完整的设计阶段了。根据最终的 LOR 计划，前往月球的航天器将由四个重要部分组成，其中三个部分将在旅途中的不同阶段被丢弃。这四个部分包括载着三名宇航员从地球上起飞的阿波罗太空舱，安装在它下面的服务舱，存放在助推器上层内的登月舱，以及最终将会留在月球上的、位于登月舱下方的下降发动机组件。最后一部分其实是登月舱上层载人部分的最简化发射台。

最后，当需要真正登上月球并在那里着陆时，实用主义压倒了浪漫主义。是实用主义使 LOR 打败了 EOR，同时也是实用主义决定了登月舱的大小和形状。一点一点地，飞船的设计开始成形，并在此过程中放弃了一些部件。早期概念图中出现的大窗子因为太重和危险而被舍弃，因为一颗灰尘大小的陨石就可以击穿它。而供宇航员乘坐的舒适躺椅也不见了。令所有人震惊的是，NASA 认为这样的座椅属于不必要的重量，在月球降落期间，宇航员可以站着进行人工操纵控制。当冯·布劳恩收到这个消息时，他大吃一惊。一艘没有舒适的、充满未来感的座椅的宇宙飞船？这简直太离经叛道了！

最终登月舱的设计看起来笨拙而瘦长，完全不像一个真正的太空爱好者所能想象的那样。当"阿波罗 9 号"的宇航员给他们的飞船命名时，他们把登月舱叫作"蜘蛛"，因为从登月舱舱体张开的腿，像某些巨大的蛛形纲动物一样。[6] 首位受过训练的登月舱飞行员罗素·"拉斯蒂"·施韦卡特（Russel "Rusty" Schweickart）称登月舱是一只"看起来笨拙的鸟，实际上是一架出色的飞行器"。[7]

最初的两个登月舱 LM-1 和 LM-2，仅仅是为了地面测试而建造的，注定永远不会进入太空。LM-1 经历了无数测试，其中最让人焦虑的是跌落试验。NASA 要求 LM-1 在地球引力下，跌落六英尺后，能够完好无损，并保持完整的功能。它以极好的表现多次通过了这项测试。由于在 LM-1 上的测试进行得非常顺利，LM-2 被封存了，因为原计划中需要对 LM-2 进行的测试都显得不必要了。LM-2 变成了宇航员施韦卡特后来所说的"机库女王"——除了成为一件收集灰尘的博物馆藏品外，别无他用。它现在藏于华盛顿特区的史密森国家航空航天博物馆。

NASA 会将如此昂贵的硬件放在储物架上，而不是用来进行更多的测试，恰恰证明了太空计划的节奏变得多么快，每一个阶段都在加速。因为有许多捷径可以走，且在一定程度上不会以安全问题为代价，所以每天都在走捷径。显然，工程师们在认真对待肯尼迪总统"在这个十年结束前"的要求，但回过头来看，一些从"阿波罗 1 号"灾难得来的教训已经被搁置一旁了。

有 11 家公司获得了竞标登月舱合同的机会，当时项目成本预计约为 3.5 亿美元。[8] 在研究了所有的提案和投标后，NASA 选择了格鲁曼飞行器公司作为主承包商。格鲁曼通过走在弯道前面，夺得了金环。甚至在肯尼迪总统宣布登月目标的整整一年前，一位名叫托马斯·凯利（Thomas J. Kelly）的格鲁曼工程师和其他大约十名工程师，以一种非常冯·布劳恩式的方式预见到了载人太空旅行时代的到来，并开始在公司内部首次设立一个小型太空部门。格鲁曼原来做的是喷气式战斗机的生意，但在凯利心目中，他认为在未来的某个时期，将有用于载人航天登月的项目资金。因此，他和同事们开始为这样一次登月旅行可能需要的硬件打造基础。当 NASA 宣布登月舱招标时，格鲁曼已经完成了相关的基础工作。他们向

NASA 提交的登月舱方案迅速且令人信服，这让他们的竞争对手措手不及。[9]

然而，格鲁曼不会建造所有的东西。更确切地讲，这家公司成为主承包商，将设计的各个部分承包给了其他公司。最终，其他六家机构签约建造登月舱的部件：TRW 制造下降发动机，马夸特公司[10]建造反作用控制系统，贝尔飞机获得上升发动机的份额，汉密尔顿标准公司设计环境控制系统，主要的制导和控制被移交给麻省理工学院仪器实验室，雷神公司接手了阿波罗的制导计算机。

登月舱预言家托马斯·凯利在格鲁曼领导这一项目。凯利和NASA 兰利研究中心的几位工程师一起，是 LOR 飞行计划的首批支持者之一，这一计划也是他帮助构思和开发的。

尽管 NASA 对凯利和格鲁曼很有信心，但他们不允许格鲁曼团队自主进行设计。NASA 坚持与格鲁曼共同合作，创造世界上第一个纯太空航天器的概念。NASA 鼓励格鲁曼提出一些想法，然后根据自身的需求和限定条件来塑造这些想法。这是一种创造伙伴关系，由格鲁曼进行创造，NASA 进行再创造。尽管如此，最终的设计很大程度上还是出自凯利和他的工程团队。在几年后的一次采访中，凯利说："我们肆无忌惮地想象，让形式服从功能。它（登月舱）就进化出来了。我们基本上是围绕两名宇航员开始，我们必须建造他们周围的所有东西。"[11]

随着"形式服从功能"的理念，登月舱一个独特的设计元素慢慢开始成为焦点：一个没有对称性的航天器。凯利说："在简化系统的过程中，我们意识到我们接受了一些不必要的基本概念，比如对称性。我们……最初在上升阶段有四个推进剂油箱，因为它可以形成一个对称的结构。然后我们说：'哎呀，它不一定必须是对称的。'我们可以分别给燃料和氧化剂提供一个油箱，但是必须用不同的重量来平衡它们，[12] 所以最后登月舱看起来像一侧有腮腺炎一样。我们做的这些事情逐渐改变了设计。"[13] 比起其他任何方面，这种不对称更会给登月舱带来一种不同于任何人类曾想象过或建造过的飞船的外观。

登月舱是如此复杂，最终需要 3000 多名工程师参与设计与建造，他们积累了超过 4 万张百科全书般的工程图纸。关于载人火箭飞行有一个很好理解的公理，即要求双倍甚至三倍的冗余。根据"冯·布劳恩学说"，每个关键部件都需要一个备用系统，以便在发生故障时接管。然而，冗余的缺点是极大地增加了航天器的重量。随着登月舱的设计从想法到概念，再到工程、施工、测试，越来越需要做出很多艰难的权衡。在登月舱设计阶段的某一时刻，凯利已经准备好确定图纸并开始施工。他刚做完这个决定，研究小组就发现登月舱将大大超过 NASA 规定的重量；它太重了，超出了"土星号"火箭将其推入正确轨道的能力。随后凯利发起了"超级重量改善计划"。在经过六个月的设计折中后，工程师们设法使登月舱的重量符合了要求。

赢得上升发动机合同的贝尔飞机公司知道，如果登月舱上有一个东西必须是万无一失的，那就是发动机。如果点火失败，宇航员们将被困在月球上，没有任何获救的希望。他们可以存活很短的一段时间，直到氧气耗尽，然后他们将窒息而死，他们的身体将永远埋藏在登月舱中。因此为了可靠性，贝尔选择了自燃推进剂作为上升发动机的燃料和氧化剂。双组分火箭燃料是一种只需相互接触就能点燃的推进剂，这增加了点火环节的可靠性，但也可能引发其他环节的问题。对于登月舱发动机，贝尔决定使用四氧化二氮作为氧化剂，航空肼 50 作为燃料。航空肼 50 是肼和偏二甲肼按 1:1 的比例进行混合的物质，已经证实这种自燃组合是可靠、稳定的，并且可以相对安全地进行操作。然而，当贝尔开始使用这些推进剂测试上升发动机时，发动机很快就出现了不稳定的问题。测试数据显示，发动机在运行期间出现了很大的压力峰值。几名优秀的工程师花了几个月的时间来解决这个问题，但还是没有找到解决方案。NASA 甚至给上升发动机贴上了登月舱"演出终结者"的标签——这个项目没有按计划进行，有可能扰乱整个阿波罗发射计划。

最后，贝尔决定放下骄傲，从最大的竞争对手洛克达因公司（北美航空公司新成立的分支机构）引进一些工程师。洛克达因公司的许多发动机都经历过燃烧不稳定的问题，包括强大的、注定要成为阿波罗助推器发动机的 F-1。这家公司的工程师在解决燃烧不稳定性方面有丰富的经验，一旦引入该项目，他们就能进行一些微妙的设计更改，使上升发动机处于掌控中。最终，发动机的不稳定问题及其解决方案耗费了整整两年的时间。

NASA 坚持认为，不仅要在地球上测试登陆舱的系统，还要在寒冷、失重的太空真空中进行测试，"阿波罗 5 号"将对登陆舱的关键部件进行测试飞行。这是一次八小时的无人飞行任务，其中包括登月舱的机动性测试，所有这些都将由飞船的机载计算机进行内部控制。克兰兹和他的白队将督导此次发射。

1968 年 1 月 22 日，还有不到两年，肯尼迪的十年目标就将到期了，"阿波罗 5 号"在一次完美的发射中离开了发射台，没有发生任何故障。克兰兹后来将其称为"顺滑如丝"。[14]

吉姆·福奇是当天的太空舱通信员。当澳大利亚接收到登陆舱的信号时，他宣布："飞控员，我们出发了。"几秒钟内，登陆舱就会点燃下降发动机，进行第一次重大测试。就在即将点火的时候，福奇宣布："关机！"登陆舱计算机检测到两个错误，中止了测试。几分钟后，就确定必须对登陆舱计算机重新进行编程，但这只是问题的开始。很快，任务控制中心和登陆舱之间的通信变得断断续续，而指令必须发送上传至登陆舱多次，登陆舱才会对上传的指令采取行动。

任务控制中心决定发出新命令、任务目标、事件顺序等，工程师们尽力应对着。克兰兹和他的团队可以成功完成登月舱飞行轨道测试的所有主要目标，但只能通过地面指令进行，自动机载系统从计划中被剔除。"阿波罗 5 号"的工作让地勤人员忙得喘不过气来，稍有疏忽就可能让事情变糟。

第二天早上，全国各地的报纸都发布了类似的消息："阿波罗任务成功，登月计划步入正轨。"[15]

托马斯·凯利对登月舱做出的贡献，让他获得 NASA 授予的"登月舱之父"称号。[16] 而对于吉恩·克兰兹来说，不过是在可控的慌乱中度过的又一天。

20 梦想家之死

事情不会自动发生。事在人为。

——约翰·F. 肯尼迪

肯尼迪总统想亲自视察他的"十年"项目的进展情况。1962 年
9 月 1 日，他决定造访马歇尔航天飞行中心（Marshall Space Flight
Center，MSFC），参观基础设施并检查相关硬件。那里只有一个人
有足够的知识和魅力来担任这样一位贵宾的导游，那就是马歇尔的
新总监沃纳·冯·布劳恩。当这些人和随行人员走过这些设施时，
冯·布劳恩欣喜若狂地讲述着将如何实现总统的梦想。尽管肯尼迪
和冯·布劳恩在战争期间处于对立面，但他们很快就建立起了亲密
的关系。

在参观期间，冯·布劳恩向总统展示了一个小型的"土星"火
箭模型，这个火箭有朝一日将把人类送上月球。"这就是那个飞行
器，"他说，"它的设计目的是实现您的诺言，在这个十年结束前把
人类送上月球。上帝保佑，我们会做到的！"这次参观让肯尼迪对
登月的成功非常乐观，他决定让冯·布劳恩随他前往下一站卡纳维
拉尔角。冯·布劳恩坐在观众席上，听总统向工程师和技术人员承

诺："我们将取得第一！"冯·布劳恩的热情非常具有感染力。[1]

肯尼迪回到华盛顿，开始了繁重的政治工作，但他一直沉湎于自己创造的太空计划所带来的兴奋中。八个月后，1963 年 5 月，肯尼迪回到马歇尔航天飞行中心，观摩土星助推器子级的静态测试。美国总统坐在靠近试验台的混凝土掩体里，这是许可范围内可以靠得最近的地方。他敬畏地站在那里，看着一座火山从发动机的喷嘴喷出，发出震耳欲聋、地动山摇、类似地震般的咆哮。发动机的巨大能量让肯尼迪大吃一惊，他所能做的就是目瞪口呆地凝视着。测试结束后，他握着冯·布劳恩的手，惊呼道："要是我能把这一切都展示给国会的人就好了！"[2]

11 月 22 日上午，冯·布劳恩乘坐 NASA 的飞机返回汉茨维尔。他刚刚就登月计划的进展在国会上发表了声明。他的口袋里有一张请柬，邀请他和妻子玛丽亚参加白宫招待会。任何时候肯尼迪总统想要就太空计划进行更深入的讨论，冯·布劳恩总是很乐意答应。在飞行过程中，无线电发来消息：总统被暗杀了。

葬礼在三天后举行。但沃纳非常伤心，无法出席葬礼。在汉茨维尔的办公室里，他和秘书邦妮·霍姆斯在电视上观看了葬礼。他看着杰奎琳·肯尼迪带领送葬队伍从国会山步行经过白宫，然后前往圣马太大教堂。据霍姆斯讲，冯·布劳恩曾说过："真是太遗憾了。失去一位朋友和一位伟大的领袖，真是悲剧性的损失。"霍姆斯后来写道，"那是我唯一一次看到他真的在哭泣。"[3]

沃纳觉得有必要给杰奎琳·肯尼迪写封信。他想表达他的哀悼，但也想给她一些好消息，告诉她前总统的太空项目进展如何。第一枚可绕轨道飞行的"土星 1 号"火箭计划在两个月后进行发射。冯·布劳恩一直等到"土星 1 号"成功发射后，才写下这封信。信中附上了一张最新发射的"土星 1 号"的照片，他在信的结尾诉说了他的感受：

你肯定被来自世界各地的哀悼之声淹没了，大家都在哀悼你心爱丈夫的不幸逝世。和许多人一样，来自达拉斯的不幸消息对我个人来说是一个可怕的打击。我们不知道还有什么比尽最大努力实现他的梦想和决心更好的方式来纪念这位已故总统，我们会铭记"美国必须学会在新的太空海洋里航行，并获得首屈一指的位置"。

怀着最深切的同情，沃纳·冯·布劳恩[4]

尚未确定的是，约翰·F.肯尼迪将太空探索作为世界和平工具的梦想是否会实现。1962 年 9 月 12 日，他在赖斯大学发表了著名的演讲，他明确表示，美国对世界负有责任，不仅要在太空探索方面做第一，而且要维护太空探索的和平。[5] 在 1961 年 6 月 4 日举行的美苏高级别峰会上，肯尼迪在与赫鲁晓夫的一对一会晤中提出了载人登月的议题。在那次会议上，他向苏联领导人提出了一个令人难以置信的合作提议："我们为什么不一起做呢？"赫鲁晓夫最初同意了，但在 24 小时后又改变了主意。[6]

21 风暴海洋

我们现在知道怎么做了。

——威廉·皮克林

　　大多数关于美国太空计划的书籍几乎都没有提到 1966 年的"勘测者 1 号"机器人月球探测器任务。迈克尔·纽菲尔德的传记《冯·布劳恩：太空梦想家，战争工程师》(*Von Braun: Dreamer of Space, Engineer of War*) 和鲍勃·沃德的著作《太空博士：沃纳·冯·布劳恩的一生》(*Dr. Space: The Life of Wernher Von Braun*) 都对"勘测者 1 号"只字未提。黛博拉·吉百利在全面巨著《太空竞赛：美国与苏联争夺太空主权的史诗之战》(*Space Race: The Epic Battle between America and the Soviet Union for Dominion of Space*) 中也未提到。吉恩·克兰兹的《失败不可接受》中提到了勘测者的任务，但没有提到更为重要的"勘测者 1 号"。在罗德·派尔的《太空时代的精彩故事》(*Amazing Stories of the Space Age*) 中，只有一句话提到了探测器。艾伦·比恩关于阿波罗计划的书也没有涉及这点。事实上，我找不到任何一本由宇航员写的书提到关于"勘测者 1 号"的信息。即使是像尼尔·德格拉斯·泰森

160

这样的当代作家也不认为这点信息重要到可以将其收录在他的《太空编年史：面对终极前沿》（*Space Chronicles：Facing the Ultimate Frontier*）之中。

然而，如果没有"勘测者 1 号"的任务，让人类登上月球将是极其危险的，将是一场拿宇航员生命做赌注的赌博。

早在肯尼迪发表"在这个十年结束之前"的演讲前，地质学家和天文学家就对月球的地质构成争论不休。它是由什么构成的，它表面的硬度如何？在总统发表演讲前，这样的对话不过发生在茶水间来打发时间。但一旦做出了飞向月球并在上面着陆的决定，月球土壤问题就需要有一个明确的答案。

而这才是真正的争论开始的时候。

月球表面是否坚硬到可以支撑一艘重型登陆飞行器的重量，或是太软，着陆器会干脆沉没？还是介于两者之间？"徘徊者"撞击探测器已经回答了部分问题，但并不能全部回答。在人类冒着生命危险登月之前，NASA 需要核实从"徘徊者"探测器收到的数据，且需要获得关于月球土壤质量、坚硬度等方面的更详细的信息。"软着陆"勘测者系列航天器就肩负着这一任务。

NASA 当时的首要任务自然是载人登月，这本应意味着勘测者任务是重中之重。然而，在喷气推进实验室，NASA 很快发现他们必须克服一个哲学问题。1964 年 11 月，在"勘测者"还只是一张蓝图的时候，JPL 就发射了火星飞越探测器"水手 4 号"。遥测显示，"水手 4 号"上的一切似乎都正常工作，到 1967 年圣诞节，JPL 预计将收到一些壮观的火星表面特写照片，并对此充满信心。与此同时，他们计划在未来几年内再执行六次水手任务。在休斯敦，NASA 专注于月球，而在帕萨迪纳，NASA 专注于行星。NASA 对 JPL 探测器进行了资助和发射，然而这一事实并没有带来什么影响。皮克林和他的科学家们都达观地看向太阳系，对他们来说，月球已经是旧日新闻了。雪上加霜的是，皮克林倾向于模仿冯·布劳恩对外宣传的狂热，花大量时间旅行和发表演讲。[1]

水星计划太空舱的联合设计师考德威尔·约翰逊（Caldwell Johnson）是负责研究如何建造载人月球着陆器的工程师。他花了很多时间研究月球表面的质地。工程师们在他们的设计工作中需要数据，但目前几乎没有任何关于月球土壤质量和结构的数据。在发现科学界没有人能在这个问题上给他一个满意的答案后，他问道："如果月球的海洋只是一堆尘埃，山脉只是玻璃吹制的童话城堡，我们要怎样才能设计出起落架呢？"[2]

再看苏联，谢尔盖·科罗廖夫和他的工程师们仍计划在美国人之前登上月球，他们也因同样的问题争论不休。一天晚上，科罗廖夫召集了最好的顾问和科学家，要求他们给出一个适当的答案。他们争论不休，再一次只能靠猜测，而得不出什么实际结论。这时，科罗廖夫站起来做了一个行政性的决定，宣布月球表面是固体的。当他准备离开房间时，他的顾问大声抗议，要求知道如果科罗廖夫错了，谁应该承担责任。"我会的。"他说。然后拿起纸和笔写了一份宣言："月球是硬的。"然后签上了"S. 科罗廖夫"。[3]

然而，美国的太空管理官僚机构没有能力或耐心发布这样的行政声明。关于月球表面硬度的问题必须先用科学方法回答，然后宇航员才能被送到那里着陆。

在帕萨迪纳，JPL 将"勘测者 1 号"探测器打包，并将其运往卡纳维拉尔角进行发射。探测器上搭载了多个相机和一系列科学实验所需品。虽然这些实验很重要，但简单的相机才是关键。每个探测器都将配备至少一个指向着陆缓冲支架的摄像头。着陆后，着陆支架的照片将通过无线电遥测传回地球，NASA 的工程师可以在那里近距离观察飞船陷入月球表面的程度。如果没有勘测者计划的成功，阿波罗计划根本不可能成功，甚至不可能继续进行。

1966 年 5 月 30 日，大约在 NASA 预期将第一批人送上月球之前的三年，搭载"勘测者 1 号"的"阿特拉斯半人马座-D"（Atlas Centaur-D）火箭从卡纳维拉尔角发射升空。三天后，"勘测者 1 号"点燃了减速发动机火箭，在没有事先进入停泊轨道的情况下，直接向月球减速。在离表面十英尺的空中，下降发动机关闭。"勘测者 1 号"在月球引力的作用下，完成剩下距离的下降。NASA 认为只有四分之一的勘测者任务会成功，因此计划进行四次勘测者任务。第一艘勘测者号航天器完成了教科书式的着陆，展示了美国太空计划已经日趋成熟，令人印象深刻。

更令人钦佩的是它着陆的准确性。任务计划让"勘测者 1 号"降落在一片被称为"风暴海洋"（Ocean of Storms）的平坦区域的中央。控制器和程序员让它正中靶心，正好降落在他们想要的地方。

根据威廉·皮克林的传记作者道格拉斯·马奇韦的说法，"'勘测者 1 号'……轻柔地降落在月球表面，激活相机，毫不费力地开始传输第一批月球土壤的照片。它的任务完成得如此容易，以至于看起来像是例行公事，而不是一流的技术壮举。'勘测者'直立着陆，它的三个着陆支架陷入了月球土壤一到两英寸深，所有系统都处于完美的工作状态。在接下来的一个月里，'勘测者 1 号'准确无误地回应了来自地面控制器的 10 万多个指令，（并且它）返回了1.1 万多张月球地貌的图像。"[4]

尽管有这次美好且充满希望的测试，但是接下来的三艘勘测者飞船中，有两艘将会坠毁，摔碎在月球表面。想要让太空旅行成为"常态"，还有很长的路要走。

22 演出终结者二号

有的火箭很大，有的火箭很小。如果你有一个不错的，记得给我们打个电话。

——丹尼尔·G. 马祖尔（Daniel G. Mazur）
"先锋号"运营集团经理

1960 年，洛克达因公司获得了汉茨维尔马歇尔航天飞行中心的合同，建造世界上第一台大型液氧 / 氢火箭发动机。冯·布劳恩和他的团队知道，当时在 NASA 科学家和他们自己的脑海中形成的登月火箭设计需要高性能的第二子级，他们估计氧 / 氢燃料系统可以提供这种性能。在给洛克达因公司分配了后来被称为 J-2 发动机的任务后不久，马歇尔中心开始寻找供应商来建造整个第二子级。与目前已开发的、为数不多的氢燃料火箭系统相比，这枚火箭将是巨大的，毫无疑问，需要一系列新的技术创新。为寻找合适的供应商，马歇尔中心召开会议公布该项目规模和范围的细节。在会议当天，30 家航空航天公司参加，并表现出了对这项工作的渴望。在这 30 家公司中，只有七家最终递交了投标方案。而在这七家公司中，又有三家将因各种原因被即刻淘汰出局。最终，马歇尔中心将合同给了北美航空公司。促成这一决定的部分原因是，洛克达因是从北美航空公司剥离出来的，因此 NASA 认为 J-2 发动机的制造商和整个系统承包商之间能进行更好的沟通和合作。虽然这一假设最终证实是正确的，但是在初始阶段北美航空公司内部出现了一些关于"S-Ⅱ"的其他问题（当第二子级被大家熟知时，开始被称为 S-Ⅱ）。

最初的设计中 S-Ⅱ是由三个发动机组成的，后来 NASA 的工程师们决定通过增大 S-Ⅱ的尺寸、增加第四个 J-2 发动机，来增加 S-Ⅱ的推力。然而仅在数周后，他们再次扩展了设计，在发动机群中增加了第五个 J-2。随着每个 J-2 提供 20 万磅的推力，第二子级的最终设计将提供令人满意的 100 万磅的推力。然而，这些只是 NASA 所做的设计改变的少数例子。北美航空公司将在第二子级的建造中遇到许多问题，一些是由它自己造成的，但另一些是 NASA 犹豫不决的结果。NASA 一直在变更对该项目的要求，包括它的大小、重量、推力等。这就要求冯·布劳恩在马歇尔太空飞行中心的设计团队重新绘制向北美航空公司提供的图纸，这意味着该公司实际上必须从头开始相关工作。如此多的设计变更被强加给北美航空公司，以至于每天早上到达工作地点的工程师们就开始开玩笑："那么，我们今天要建造的是哪种 S-Ⅱ呢？"[1]

NASA 成立的时间不长，但它已经有足够长的时间形成一种特定的文化。这种文化也包括它与承包商的关系。在这种合作关系中，NASA 的专家将在他们出资的所有项目中监督和协助承包商。

然而，北美航空公司成立的时间比 NASA 长得多，也形成了自己的文化——一种不希望客户插手项目的文化。这就是"二战"期间，北美航空公司许多军事合同的开展方式，并且非常奏效，因此北美航空公司认为没有理由进行任何改变。但 NASA 是一个非军事机构，按照一套不同的规则开展业务。这造成了 NASA 和北美航空公司之间文化和理念的冲突，并导致了投诉、争论，甚至威胁。沃纳·冯·布劳恩站在这些争斗的顶峰，他经常发现自己与北美航空公司主席哈里森·斯特雷斯（Harrison Storms，绰号"风暴"）之间的分歧很大。

到了 1964 年 1 月，沃纳意识到他手头上又出现了一个"演出终结者"。北美航空公司不仅在第二子级的制造上存在问题，而且还犯下了不可饶恕的错误：他们不允许冯·布劳恩和他的工程师介入、协助和提供建议。在接下来的六个月里，冯·布劳恩和斯特雷斯之间的工作关系恶化到了一定的地步，冯·布劳恩开始询问如何才能把斯特雷斯赶下台。9 月，在马歇尔航天飞行中心的董事会会议上，冯·布劳恩博士强调："S-Ⅱ是航天飞行中心面临的最重要的问题，因此具有压倒一切的优先权。"[2] 北美航空公司董事会主席李·阿特伍德（Lee Atwood）曾一度拜访了汉茨维尔的冯·布劳恩团队，以期解决一些问题。阿特伍德参加了那次会议，因为斯特雷斯正因压力导致的心脏病发作而在住院治疗。[3]

冯·布劳恩的愤怒被放大，不仅因为 S-Ⅱ的建造延误、成本超支和很多制造缺陷，还因为他觉得测试结果简直是一场灾难。液体燃料火箭系统在使用挥发性推进剂进行测试之前，总是先用水进行测试。在标准的"水流测试"中，将推进剂油箱装满水，然后启动发动机的涡轮泵，这样所有的水就可以通过泵从喷嘴中推出来。这些测试的目的是确保没有泄漏，所有管道功能正常，整个系统能够承受操作的压强。1965 年 9 月，在对本应已完工的 S-II进行例行水流测试的过程中，整个装置解体，在数吨水的质量压力下坍塌。为了减轻重量，火箭按结构完整性要求的极限进行建造，而水流测试证明，结构的设计超出了这个极限。

尽管冯·布劳恩对哈里森·斯特雷斯缺乏信心，但这位北美航空公司主席和他的团队最终成功应对了所有技术挑战，解决了许多建造难题，清除了所有可能引起 S-II机械故障的小麻烦，最终生产出了土星的第二子级产品，丝毫不亚于一件工程艺术品。

23 崎岖的道路

对安全的渴望与每一项伟大而高尚的事业背道而驰。
——科尼利厄斯·塔西图斯（Cornelius Tacitus）

在休斯敦，宇航员办公室一片寂静，几乎空无一人。那是 1967 年 1 月 27 日星期五下午晚些时候，办公室负责人德克·斯莱顿和员工们将聚集在一起，进行每周一次的简会。艾伦·谢泼德本应代表宇航员团队出席会议，但他不在办公室。由于会议要求必须有一名资深宇航员在场，而迈克尔·柯林斯是在场的最资深的宇航员，所以他将代替谢泼德参加会议。他在会议室就座，拿出记事本和笔，准备为通常会无聊地持续一个小时或更长时间的会议做笔记。德克走进了房间，会议开始。

房间的一侧有一张桌子，桌子上放着一部红色电话。它被称为"坠毁电话"——只有在发生危及飞行员或宇航员生命的事故时，它才会响起。NASA 所有高层管理办公室都有一部这样的电话。除了偶尔的测试外，德克·斯莱顿的红色电话从未响起过。随着员工简会的进行，红色电话放在桌上，一如既往地悄无声息，没有引起任何人的注意。

电话的存在已经被遗忘了。

然后，计划中的议程刚开始几分钟，红色电话响了。

吉恩·克兰兹和妻子正在为晚餐约会做准备，这是一个没有孩子打扰的难得的夜晚。突然，有人不停地敲门，起初克兰兹以为是过于热情的保姆提早到了。[1] 但当他打开门时，站在面前的是同为飞行控制员的吉姆·汉尼根（Jim Hannigan）。当汉尼根走进门时，他说的第一句话是："你听到发生什么事了吗？"汉尼根没有等他回答，就打开了电视机，"发射台着火了。他们认为机组人员已经死了。"

克兰兹离开卡纳维拉尔角的原因很简单，他在那里无事可做。"阿波罗1号"的宇航员格斯·格里松、埃迪·怀特和罗杰·查菲（Roger Chaffee）花了一整天的时间对安装在"土星5号"上的指挥服务舱进行测试。[2] 他们将成为第一批将沃纳·冯·布劳恩梦寐以求的机器送入轨道的宇航员。火箭矗立在发射台上，但由于是初步测试，它的推进剂油箱是空的。距离实际发射还有两天的时间，在倒计时前，一切都被认为是"低风险的"。日程表上的一切都是常规操作事项，没有什么事需要克兰兹在场。当听到汉尼根的话时，吉恩·克兰兹想到的第一件事是某种爆炸，但如果没有火箭推进剂，什么东西会导致这样的爆炸？在常规测试中发生致命火灾又能有什么可能的解释呢，加油测试吗？将子级和上层结构连接在一起的有多处爆炸螺栓，以及其他一些杂七杂八的可燃物，但他能想到的似乎都不可能导致三名宇航员全部死亡。

当克兰兹的妻子玛尔塔下楼时，汉尼根的妻子佩吉哭着跑到前门。在电视新闻频道上，只有模糊、粗略的描述，只是说发生了某种事故。克里斯·克拉夫特已经将卡纳维拉尔角的消息封锁，包括禁止所有呼出的电话，而吉恩还不知道这点。[3]吉恩抓起他的工作证，跳上他的普利茅斯旅行车，高速驶向卡纳维拉尔角。他开得又猛又快，他后来写道："我几乎在招呼警察把我拦下来。"[4]

在休斯敦，德克·斯莱顿将红色电话的听筒放回去。他转向他的员工，说："飞船着火了。"由于在场的每个人都很清楚当时在卡纳维拉尔角进行测试的是"阿波罗1号"太空舱，所以他没有必要解释所指的是哪艘飞船。每个人都安静地坐着，想知道这消息意味着什么。随后大家开始窃窃私语，讨论可能发生的情景和结果，这时红色电话再次响起。一分钟后，德克没有作任何解释就离开了会议室。

到达卡纳维拉尔角后，吉恩发现克拉夫特的封锁命令十分严格，保安连他都不放进大楼。最后，他不得不在大楼后面的服务电梯上，对一名警卫虚张声势，才进了大楼。在二楼，他走近克拉夫特、斯莱顿和霍奇，他们正在和卡纳维拉尔角的外科医生谈话。他无意中听到的第一句话是，"太可怕了"。在操控台上，飞行控制员已经在导出他们的遥测数据，试图弄清楚发生了什么。吉恩随后得知：一场猛烈的大火席卷了太空舱，几秒钟内就把宇航员烧死了。根据斯莱顿的说法，现场温度太高，有"熔化的金属从服务舱的侧面滴落下来"。[5]

这场事故使每个人都感到困惑。从载人航天计划的早期开始，人们一直认为，如果宇航员不幸遇难，那一定是在发射期间、轨道飞行期间或重返大气层期间，而不是随意坐在一个空载火箭的顶部、一个距离地面320英尺的试验台上。

当时"阿波罗1号"飞船的正式名称是"AS-204"，正在进行的测试被工程师称为"插拔综合测试"。顾名思义，测试包括拔下"土星5号"的操控线缆，从而断开火箭及其太空舱与地面支持设备的连接。这项测试的目的是看看整个飞船如何作为一台独立的机器工作。[6]模拟倒计时和发射前程序练习是测试的主要部分，测试开始于黎明前。起初，宇航员们并不需要到场，所以直到下午一点左右，他们才开启太空舱"进入程序"。

在模拟倒计时的过程中，遇到了一些小故障。宇航员团队报告机舱内有一股奇怪的气味，他们与地面控制人员的通信一直断断续续。几个小时过去了，但大体上一切都是正常的。每个宇航员都连接了传感器，用来监测他们的心跳和呼吸频率，甚至他们移动肌肉的频率和程度。这些测量的遥测数据也没有显示异常。

第一个迹象发生在下午6时31分。一名宇航员报告，"嘿，着火了。"几秒钟后，又说，"我们的驾驶舱着火了。"事件迅速升级，他们的声音开始变得更加疯狂。起初，宇航员报告有人试图灭火，然后他们试图打开舱门并离开太空舱。[7] 在他们的视频监视器上，地勤人员可以看到火焰。起初看起来并不像是一场大火，但在 30 秒内，火苗开始变大，剧烈到能看到火焰的地步。具有讽刺意味的是，这条通信线路现在开始正常工作，可以听到这些人的尖叫声。

在舱外，支援人员试图打开舱门，但他们准备不足，且没有接受过相关训练，也没有准备好应对这种紧急情况。火焰和浓烟在太空舱熔化的密封件之间喷出，表面烫到无法下手。针对这种情况，支援人员没有合适的装备，甚至手头都没有氧气面罩，这导致他们因吸入烟雾而撤退。就这样，再加上火焰和高温，使他们无法迅速打开舱门。宇航员们做了他们能做的，但太空舱内的火势蔓延得太快，不到两分钟，三名宇航员全部遇难。

北美航空公司的经理唐纳德·巴比特是龙门架支援小组的一员，他们成功地打开了外部舱门，并至少打开了部分内部舱门。他后来向阿波罗审查委员会做证说："我在移除舱门时，观察到机组人员已经死亡，指挥舱内的毁坏相当严重。"巴比特继续进行着支援行动，直到被迫向基地医务人员报告他的伤势——烟雾吸入和闪光灼伤。似乎所有可能出错的事都在出错。由于缺乏灭火和灭烟设备，支援人员立即呼叫消防队。但当消防队员到达发射机架底部时，他们只能乘坐速度较慢的电梯上到太空舱，因为快速电梯已经无法运转。[8]

巴比特离开时，消防员已经赶到现场。其中一位叫詹姆斯·伯

173

奇，他接手了打开舱门的任务。在把它完全打开后，他向舱内窥视。里面已严重毁坏，一片狼藉。宇航员的身体被焚烧得十分剧烈，以至于他第一次报告说，"里面没有人。"仔细检查后，他发现了一只靴子，拉了拉，发现了一条腿。几分钟后，三名医生也乘慢速电梯赶到，并宣布宇航员已经死亡。[9]

两年前，NASA 在如何合理管理公共关系方面得到了一场悲伤而艰难的教训。1964 年 10 月 31 日上午，泰德·弗里曼（Ted Freeman），一名入选第三批宇航员小组的新人，从圣路易斯的一次训练课回来，即将把一架"T-38"喷气式飞机降落在艾灵顿空军基地。[10] 就在飞机轮子即将降落在跑道上时，一只加拿大鹅撞上了他的座舱罩，座舱罩的碎片飞进了喷气式飞机的发动机里。发动机熄火，飞机坠落地面，弗里曼当场死亡。泰德·弗里曼是"第一位在太空计划服役中牺牲生命的宇航员"。[11] 接下来发生的事情凸显了 NASA 指挥链的弱点。弗里曼的妻子费思正在家中忙碌，这时她听到有人在敲门。当她打开门时，一位记者问她对丈夫的坠机和悲惨的死亡有何评论。这就是她如何得知这起事故的。在那次事件发生后，NASA 发誓必须让宇航员配偶从 NASA 管理人员或最好是宇航员同事那里得知这样的消息。出于这个原因，会议室里所有的目光都投向了柯林斯。

和弗里曼一样，艾伦·比恩（Alan Bean）也入选了第三批宇航员，也就是"第三批 14 人"中的一个。当柯林斯打电话给宇航员办公室，准备通知格里松、怀特和查菲的家人时，是比恩接的电话。比恩说，他会找宇航员来通知他们，但要求柯林斯留在红色电话机旁边，这样他们就可以获得最新的信息。但几分钟后，比恩给柯林斯回了电话，说宇航员和他们的妻子愿意立即拜访格里松和怀特的家人，但没有人去拜访罗杰·查菲的妻子玛莎。柯林斯和他的妻子与查菲夫妇是邻居，所以柯林斯告诉比恩，他会去。然后他上了车，"非常缓慢地开了一英里半到她家"。[12]

当柯林斯到达查菲家的时候。他发现艾伦·比恩的妻子苏已经在那里了，她正在守着电话，筛选来电。其他几位邻居的妻子也在那里，所以玛莎知道发生了可怕的事。

"玛莎，我想和你单独谈谈。"迈克尔说。

就像宇航员一样，他们的妻子也从来没有想过会在一次简单的未起飞的火箭测试中发生灾难。每个人都认为所有的危险与飞行有关。尽管玛莎知道这将是个坏消息，但她对迈克尔将要说的事情毫无准备。

NASA 下令立即进行正式调查。在那天结束前，NASA 副局长下令成立阿波罗 204 号审查委员会。就在第二天，也就是 1967 年 1 月 28 日，审查委员会在肯尼迪航天中心召开了会议。兰利研究中心主任弗洛伊德·汤普森（Floyd L. Thompson）博士被任命为主席。委员会将调查责任分配给 21 个特别小组，每个小组负责向委员会报告灾难相关的各个方面的信息。审查委员会首先监督进行指挥舱的完全拆卸。每个部分（有数千个之多）不论大小，都进行拍照、研究和标记。然后将它们密封，以备将来重新检查和考证。这一过程花了两个月的时间。尽管调查本身十分详尽，且动用了数百名专家，但审查委员会还是无法确定起火原因。最终，董事会不得不依靠概率得出结论：发生火灾最有可能的原因是航天器 –Y 和 +Z 轴线之间区域的电弧。确切位置（很可能）在左侧设备舱前下方的地板附近，此处为环境控制的仪表电源通向环境控制单元和氧气面板之间的区域。对于此次事故是由苏联蓄意破坏的猜测，这份报告给出的结论是："没有发现任何证据表明这是一次蓄意破坏。"[13]

审查委员会的报告给出了一长串的意见。其中包括 NASA 对地面测试的风险过于自信，测试本身就是危险的，而地面支持人员和宇航员团队都没有接受过像太空舱起火这样的紧急情况处理培训；太空舱从一开始就设计不当，舱门开关程序过于烦琐，无法允许紧急逃离。

报告提出了一系列设计和程序改进建议。其中有一个项目是为未来所有的阿波罗太空舱打造一个更好的出口系统，允许宇航员或支援人员更快地打开内外舱门，让宇航员安全、快速地离开。当然，这在实际任务中不会有什么好处。一旦飞到地球大气层上方，就无处可逃了。太空舱必须是独立的，而且最重要的是，它即使遇到火情也应保障安全。报告还建议，未来的任务不需要 100% 氧气的环境，这是一种明显的火灾隐患。

美国参议院就这场灾难举行了听证会，得出了自己的调查结论。与审查委员会不同的是，国会听证会涉及肯尼迪总统的最初目标，即"在这个十年结束之前"将人送上月球。在总统的最后期限之前，听证会的结论是："对计划过程非常重要的是……保持一个充满活力和能力的组织"。换句话说，如果登月计划大幅推迟，那么所花的经费将会超出国会愿意支付给 NASA 的经费数额。然而，在预算限制和公众舆论之间游走，听证会还是得出结论："在载人航天计划中，安全必须是至高无上的，即使是以牺牲目标日期为代价。"[14]

作为所有听证会、审查委员会、宇航员意见和承包商建议的结果，阿波罗指挥舱经历了从上到下的重大重新设计。出入口的舱门将由铝和玻璃纤维制成，可以容易又快捷地打开。内部的纯氧气环境被改成 60% 的氧气和 40% 的氮气，所有这些都处于更低的压强下，为每平方英寸五磅。舱内进行了几十次较小的防火改造，甚至将控制开关从塑料替换为金属。此外，在龙门架上工作的支援人员装备了一系列防火和消防设备，并接受了大量针对火灾的培训。

这些努力被证明是卓有成效的——阿波罗太空舱再也不会发生火灾了。

宇航员的尸检结果最终还是公之于众。通过对身体进行仔细解剖，确定尽管皮肤被大面积烧伤，但最有可能的死因是吸入烟雾导致的一氧化碳中毒。[15] 也就是说，他们是在大火有机会烧死他们之前，窒息而亡。无论死于哪种方式，宇航员都未能有机会在事故中幸存下来。

具有讽刺意味的是，"阿波罗1号"着火时，格斯·格里松在飞船上。在格里松的水星太空舱门过早打开事件后，NASA重新设计了舱门——包括阿波罗的舱门——使其更坚固，也就是说，更难打开。事后看来，让宇航员的舱门更难打开，在紧急情况下可能会产生致命的后果，这一点竟然没人想到，着实有点奇怪。更具讽刺意味的是，格里松在事故发生前一个月，发表了一句颇具先见之明的声明："当然，总有可能发生灾难性的失败；这可能发生在任何一次飞行任务中，最后一次或第一次。所以，你只要尽可能地计划好如何应对这些可能发生的事件，以及组织一批训练有素的宇航员，然后你就可以起飞了。"[16]

NASA的管理者、工程师、技工和工人都变得与以往不同了。同事的死亡给他们所有人都带来了沉重的负担，因为他们都有集体负罪感。吉恩·克兰兹的这种感觉尤其强烈。他后来写道："我觉得我个人辜负了'阿波罗1号'宇航员的期望。"火灾发生后不久，克兰兹召集任务控制中心的工作人员开会。他上台发言，谈到了这场"可怕的悲剧"及其"毁灭性的挫折"。但他向所有人保证，阿波罗计划不会结束，他们的任务也不会结束。他明确表示，"不让'阿波罗1号'的宇航员白白牺牲"是他们的责任。他继续说："太空飞行永远不会容忍粗心大意、能力不足或疏忽。不知何故，我们在某个点搞砸了。可能是在设计中、建造中或测试中。无论在哪个点，我们本应该发现它。"[17]

在他发表评论时，台下的人静静地听着。他让每个人都知道情况即将发生改变。"从今天开始，飞行控制工作将用两个词来要求：严厉，称职。'严厉'意味着我们永远要为我们做到或做不到的事负责……'称职'意味着我们永远不会认为一件事是理所当然的。我们永远不能缺乏知识或技能。任务控制中心将会变得完美。"然后，他命令每个人回到自己的办公室，在黑板和公告栏上写下"严厉"和"称职"两个词，且永远不要擦掉。"每天当你走进房间时，"他宣称，"这些词会让你想起格里松、怀特和查菲付出的代价。这两个词就是进入任务控制中心的代价。"[18]

在任何灾难中，相互指责都是不可避免的。关于事故原因有很多猜测，但没有一个得到证实。归根结底，真正的罪魁祸首是自满。NASA 在水星计划和双子星座计划的每个太空舱都使用了100% 的纯氧空气，且没有发生任何事故，所以他们决定在阿波罗计划中延续这样的做法，尽管阿波罗的太空舱更加复杂。而在阿波罗计划中，氧气的危险级别被无意中提高了——舱内压力被设定为16 磅／平方英寸（甚至高于海平面），从而增加了火灾风险。

和柯林斯一样，埃迪·怀特也毕业于西点军校。怀特的葬礼原定在西点军校举行，不巧的是，查菲的葬礼安排在同一天于阿灵顿举行。柯林斯感到左右为难：他曾是怀特的同学，但他也与查菲亲密无间，因为他们在同一天被聘为宇航员，也正是他向玛莎宣布事故身亡这一悲惨消息。所以在葬礼这天，迈克尔·柯林斯去了阿灵顿。

两年半后，当"阿波罗 11 号"登上月球时，宇航员们携带了一枚镶满钻石的别针，这枚别针原定于随"阿波罗 1 号"飞行。如今，卡纳维拉尔角为格里松、怀特和查菲竖起了一块纪念牌匾，上面写着：通向星辰的坎坷道路（*AD ASTRA PER ASPERA*）。

宇航员的死亡一直是头条新闻，太空项目的其他工作人员却缺乏媒体关注，而与宇航员相比，他们的伤亡人数更多、事故更严重，却鲜为人知。这类事故清单很长，这里仅举两个例子。

在卡纳维拉尔角的一个试验台上，一名工人注意到其中一块钢制地板上似乎形成了一个小冰柱。尽管它看起来很像水形成的冰，但实际是由上空一根管道泄漏出来的液氧堆积而成。这名男子漫不经心地踢着"冰柱"，以为他只是在排除一个小危险。踢的时候，他靴子上的一小块油接触到了氧气。就在一瞬间，巨大的化学反应把这名男子的腿完全炸飞了。

在另一起事故中，工人们正在"土星 5 号"的其中一个推进剂油箱内进行维护工作。这项工作要求工人们从油箱的狭窄开口挤进去，在完全进入油箱内部后，进行彻底的清洁。不知何故，其中一个油箱装满了气态氮气，一名男性工人进入了这个油箱，很快窒息而死。

"崎岖的道路"，确实。

24 重 塑

事故发生时，这个项目的每个要素都陷入了困境。

——吉恩·克兰兹

　　随着"阿波罗 1 号"灾难的发生，NASA 要实现在 20 世纪 60 年代末登月的目标失去了三个关键要素：三名最好的宇航员、一个全面建成的阿波罗太空舱，以及美国人民的信任。所有这些都必须重新组装或重建。NASA 的领导在政治上足够机敏，意识到格里松、怀特和查菲的死亡很有可能使他们的项目大幅延期。后期将会有调查、控告和参议院小组等介入，所有这些都是为了发掘真相，但也会耽误正事。然而，克里斯·克拉夫特和吉恩·克兰兹决心尽最大可能使目标进度保持不变。一方面，他们为失去的同事哀悼，另一方面，他们悄悄地敦促承包商按计划行事。当然，唯一的例外是阿波罗太空舱要重新设计。由于其他阿波罗太空舱都还没有完工，现在进行必要的、关键的中期设计和制造修改还不算太晚。因此，NASA 的管理层有两项任务：确保所有火箭、任务相关硬件的建造如期进行，以及尽快修正阿波罗太空舱的设计缺陷。

　　为了实现这些目标，几个曾在计划中的任务将永久从项目清单上画掉，而"阿波罗2号"和"阿波罗3号"是第一批被取消的任务。

　　在登月项目的双子星座计划阶段就已明确，重复执行的任务是NASA几乎负担不起的奢侈品。1961年7月21日，当格斯·格里松被送入太空进行亚轨道飞行时，基本上是艾伦·谢泼德飞行任务的翻版，没有学到任何新东西（除了水星计划的太空舱逃生舱口的设计可能有缺陷）。从那时起，NASA开始形成一项"不再重复"的非官方政策——每次有人进入太空，将会围绕长远的登月计划，测试某些新东西。即便如此，原计划中，"阿波罗2号"的任务还是"阿波罗1号"的重复。在"阿波罗1号"灾难发生前的某个时刻，载人航天办公室的助理主管乔治·穆勒（George Mueller）博士以冗余为由，决定取消"阿波罗2号"的任务。现在，随着"阿波罗1号"的失事，没有合适的太空舱可用来进行这些先期预定的测试任务。[1] NASA的阿波罗计划原定从两个较小的任务开始，但最终一个都没有完成。

　　具有讽刺意味的是，这只会使NASA的政策更加坚定，即无论是由于时间还是预算限制，都不能再负担重复的任务。当"阿波罗1号"的灾难威胁到整个登月计划时，NASA打破了"每次取得一点微小进步"的理念。从今以后，所有载人飞行都将在测试和发现方面寻求一些重大的飞跃，不再有小步的改进。时钟在滴答作响，十年的时间即将结束。时间是无声的敌人。最终结果是，他们取消了第三次阿波罗任务"阿波罗3号"。下一艘飞行的阿波罗航天器将被命名为"阿波罗4号"。

太空计划要取得成功就要冒巨大风险，在这个事实与安全、谨慎的需求之间进行了权衡，NASA决定用"土星5号"火箭来发射接下来的两个阿波罗太空舱——两个都是无人驾驶的。这能远程测试任务相关的某些硬件部件，因此，无人驾驶会更安全。"阿波罗4号"将是冯·布劳恩的巨型"土星5号"火箭系统的处女航行。这种火箭的功率和射程如此之大，以至于NASA决定，在火灾后，需要在没有宇航员的情况下，谨慎地对整个系统进行几次测试。登月本身就具有很大的风险，"阿波罗1号"的灾难使NASA厌恶风险，或者至少是回避风险的。"阿波罗4号"将搭乘有史以来最大的火箭，在对火箭的可靠性进行审查之前，NASA不打算让人类进入驾驶舱。

"阿波罗4号"除了需要测试"土星5号"火箭的可用性外，还将测试S-IVB第三子级的停止和重新启动程序，这是未来所有月球任务都需要的。在完成众多的任务后，"阿波罗4号"将在最终任务完成前，测试指挥舱隔热罩在重返大气层时的生存能力。

"阿波罗4号"原计划于1966年底发射，但由于发现S-II存在一些设计和建造缺陷，以及阿波罗航天器还有额外的布线缺陷，发射被推迟了。在这些问题都得到解决后，"阿波罗4号"的三个子级于1967年春天被运到佛罗里达州的载具装配大楼（Vehicle Assembly Building，VAB）。在那里，阿波罗被组装好，或按技术人员更喜欢的说法，被"堆叠"在一起。火箭以垂直起飞的姿态被装配好，它的每个分离环都安装在相应的子级上面。

1967 年 8 月下旬，组装工作结束。

丹·拉特尔（Dan Ruttle）是一名年轻的工程师，刚从大学毕业就被 NASA 聘用。与大多数工程师不同，他不仅喜欢为 NASA 设计和制造火箭，也喜欢为自己设计和制造火箭。每年他都会和其他几位火箭爱好者一起到沙漠中，将自制的小型固体燃料火箭飞上几英里的天空。他的职业也是他的嗜好，火箭研究成了一种全身心投入的激情。[2] 作为卡纳维拉尔角的一名工程师，拉特尔获得了一份令人垂涎的工作，这份工作使他在两年后，得以出席完成组装的"阿波罗 4 号"火箭的亮相仪式。他的位置甚至比宇航员团队更有利，宇航员中的大多数人都在 3.5 英里外的观景区观看。一旦 VAB 的大门打开，拉特尔将是少数几个近距离看到"阿波罗 4 号"和"土星 5 号"火箭的人之一。

1967 年 8 月 26 日清晨，太阳从卡纳维拉尔角以东的大西洋地平线升起，这天在一缕阳光中开始了。发射准备工作非常详细、复杂，在火箭经历升空和轨道飞行前，需要两个多月的准备时间。丹站在 VAB 外面，调整了一下他的安全帽。他附近还有 20 多名工程师和技工，他开始和其中一些人闲聊，大家和他一样，耐心地等待着有史以来最大的一组门打开。时间过得很慢，每个人都不停地看表。丹看了看表，好像是第 50 次了，这时他被一声警报转移了注意力，警报声在卡纳维拉尔角的沼泽地上回响。警报声消失后，每个人都转向了 VAB。大家不可能错过巨门打开时的隆隆声。VAB 的内部和外部都有很好的照明，当门完全打开时，火箭在黎明的天空下像一座明亮的白色灯塔。作为一名工程师，丹一直觉得沃纳·冯·布劳恩的才华和开拓精神极具吸引力，当他凝视着这个巨大的创造物时，他的钦佩之情暴增。人类历史上从未有人试图建造一台这样大小的机器，更不用说把它送入太空了。

"土星 5 号"高 363 英尺，比自由女神像还高 60 英尺。它在加满燃料时，重量将为 620 万磅，相当于约 400 头大象的重量。在起飞时，第一子级的五个集群式 F-1 发动机将产生 750 万磅的推力，比 85 个胡佛大坝加起来的推力还要大。[3] 随着 VAB 大门的打开，绰号为"爬行者"的大型火箭运输牵引车开始了沉重的前进运动，将火箭带进了佛罗里达州阳光明媚的早晨。它的移动速度之慢令人惊叹，像梦游一般，每小时只移动一英里。这辆名副其实的"爬行者"运输车开始耐心地向四英里外的发射台移动。"爬行者"长 131 英尺、宽 114 英尺、重 660 万磅，是有史以来尺寸最大、运力最强的陆上运输工具。它的载货量为 1800 万英磅，相当于 15 座自由女神像。[4] 由于其制造商为俄亥俄州的马里昂电铲公司，"爬行者"的设计受到了这家公司制造的另一种产品的重大影响：用于露天矿的巨型履带机。[5]

即使油箱是空的，"土星 5 号"火箭及其运输车的重量也是巨大的，NASA 设计了一种特殊的重型砾石，为它们前往从未使用过的 39A 发射综合体铺设道路。那天，当拉特尔和其他地勤人员耐心地走在"爬行者"旁边，密切关注是否出现故障时，他注意到它们的巨大重量带来了意想不到的结果："爬行者"经过的高密度岩石和砾石路面被碾压成了尘埃。[6]

这次发射完全是一种国家载人航天哲学导向的结果，这种哲学背离了"土星 5 号"的设计者沃纳·冯·布劳恩长期以来的信念。他一直坚持应该实行有条不紊的测试方案，需要在将火箭的每个子级合并为一个整体单元前，先分别进行测试。冯·布劳恩多年来目睹了数百次火箭故障和爆炸，在火箭技术、试验和飞行的进程里，他以严谨的方法著称，并提倡非常谨慎和保守的测试计划表。然而，1963 年，当乔治·穆勒在 NASA 领导人詹姆斯·韦伯的鼓动下，接受了 NASA 载人航天飞行主任这个职位后，冯·布劳恩的哲学被打破了。

在聘用穆勒的时候，冯·布劳恩和 NASA 的测试理念是相同的——每个组件都是单独测试的，且每个子级的点火也都是单独测试的。这个机制在一段时间内运作良好，但由于"阿波罗 1 号"发射台着火导致了近两年的项目延期，穆勒仔细查看了日历，得出了一个艰难的结论：如果冯·布劳恩的测试哲学继续占据主导地位，肯尼迪"在这个十年结束前"将人类送上月球的目标将不可能得以实现。他决定做出改变，一个很大的改变。在加入 NASA 前，穆勒曾与 TRW 公司合作设计弹道导弹。正是穆勒说服空军放弃了他们零敲碎打的测试计划（从德国人那里采纳的计划），换成一种他称之为"全都上"的新系统。在"全都上"测试中，整个火箭/导弹作为一个整体进行组装和测试，而不是一次只测试一个部分。空军已经证明了该方法的优势，正是基于这一成功，韦伯找到了穆勒来帮助拯救火灾后的阿波罗计划。[7]

"阿波罗 4 号"将是新穆勒学说成败的试验品。冯·布劳恩提出了抗议，但被驳回了。最终，穆勒的"全都上"哲学将被证明是正确的，这使他获得了极大的赞誉。但也可以说，穆勒只是运气好而已，他的项目成功只有一个原因：受益于冯·布劳恩和他的团队高超的工程技能。

丹·拉特尔在"爬行者"从 VAB 到 39A 发射综合体的四英里四小时的旅程中，刻意与它保持同步。那天他还有几件事要做，都按时完成了，没有出现任何差错。到下午晚些时候，他的轮班结束了，他回到当地一家汽车旅馆的临时住所。这时离发射还有两个多月，时间充足，除非出现任何人都没预见的延误。

1967 年 11 月 9 日上午，大多数宇航员（现在已经扩张到46 人）[8]出现在卡纳维拉尔角，观看"阿波罗 4 号"的发射和"土星 5 号"的第一次飞行。他们中的许多人宁愿待在太空舱里，也不愿像游客一样站在那里，"双子星 5 号"和"双子星 11 号"的资深副驾驶皮特·康拉德就是其中之一。在秋天的寒冷天气中，康拉德愁眉苦脸地观望着、等待着，他觉得很沮丧。与 NASA 领导层里傲慢自大的人不同，他觉得没有宇航员驾驶的"土星 5 号"完全是对良好硬件和任务目标的浪费。然而，尽管成为一名宇航员可以提升公众形象，但残酷的现实是，宇航员几乎处于 NASA 权威链的最底层。就像他的宇航员兄弟们一样，康拉德那天所能做的就是在一旁看着，并希望被分配到未来的阿波罗任务中去。[9]

丹·拉特尔回到了 39A 发射台，协助进行最后一刻的测试和检查。一切似乎都在正常进行，发射倒计时稳步继续。丹可以看到闪烁的光点横跨整个海湾——营火散布在适合观测的海滩上，帮助游客在大西洋寒冷的空气中取暖。数以千计的人来到现场，见证这一历史性的事件，一些人已经在外面露营了好几天。

丹的主管走近他，告诉他是时候离开了，大多数地勤人员跟随他走向混凝土堡垒。

仅仅用语言来描述"土星 5 号"的惊人力量是不可能的，数以百计的作家已经尝试过了。罗伯特·库尔森在他的《火箭人》（Rocket Men）一书中说，"土星 5 号"产生了"1.6 亿马力，足以给电力使用高峰期的英国供电"。[10]虽然我很欣赏库尔森的书，但这样的描述虽然有趣，但太过平淡。艾米·希拉 - 泰特尔在 Space.com 上发表的文章给出了更具"现场体验感"的描述，文章名为《NASA 首次勇敢发射"土星 5 号"登月火箭》。[11]她写道："它震动了建筑物、打碎了窗户，它的威力让海角的许多人……猝不及防。"《休斯敦纪事报》的亚瑟·希尔在发布会现场，从媒体观察席的角度描述道："强大的引擎晃动着媒体席，使灯具嘎嘎作响、桌子上下颠簸。当发射时灿烂的黄色火焰吞没发射台时，那景象令人敬畏。"[12] 吉恩·克兰兹后来写道："在卡纳维拉尔角史上最巨大的火柱中，我们把'土星5号'送上了太空。"[13] 火箭本身的视觉和听觉奇观只是现场感官体验的一部分。NASA 当时的倒计时通信员杰克·金说："在发射时，'土星5号'的震动使我们身上撒满了大量的灰尘和碎片，都是从当时全新的发射控制中心的天花板上震落下来的。"在广播间，美国非官方民用太空通信员沃尔特·克朗凯特报道说，整个建筑摇晃得十分剧烈，他和一名哥伦比亚广播公司的制片人不得不用手抵住一扇玻璃窗，以防其被震碎。[14]

总是说辞夸张的沃纳·冯·布劳恩，经过权衡后，却用简单的语言发表了自己的观点："这真的是一次专业的发射，从精确的按时发射到每一个阶段的表现都很专业。"而乔治·穆勒的评论则暗示了一个更为积极的未来："'土星5号'的处女航行，使得全国人民对我们组织西方世界有史以来规模最大的研发项目，增强了信心。"[15] 换句话说，随着"阿波罗4号"的成功，看起来在不远的将来，载人登月还是切实可行的。

尽管"阿波罗4号"所有主要任务都教科书般成功地实现了，这给了不景气的 NASA 一剂亟须的强心针，但穆勒谈到的信心很快就遭到了两个重大打击——一个是政治上的，一个是技术上的。

"阿波罗5号"将是发射到太空的首个登月舱。项目将对登月舱的多个方面进行测试，包括其下降和上升发动机的点火测试。下降发动机将是第一个在太空中进行测试的节气门发动机。因为宇航员不仅要能安全降落在月球表面，还要能从月球起飞回到地球，所以这些发动机必须尽可能地做到自动防故障。"阿波罗 5 号"测试计划中最重要的项目叫作"爆炸预警测试"。这项测试将模拟一次任务中止，即在仍与下降发动机相连的情况下，上升发动机点火——当宇航员在舱内时，当然希望这类事件永远不要发生。与"阿波罗 4 号"一样，设计和建造问题使发射推迟了近一年。一号登月舱在被送往卡纳维拉尔角之前，正如它名字所预示的那样，没能通过多项关键的测试。在一次事故中，一扇玻璃窗在登月舱的初次舱内压力测试中破碎了，如果搭载宇航员，这将是一项可能危及生命的缺陷。于是大家决定在"阿波罗 5 号"的任务中，用铝板替代玻璃窗，并在以后解决玻璃窗的问题。

和"阿波罗 4 号"一样，"阿波罗 5 号"成功地完成了它最重要的任务目标。它于 1968 年 1 月 22 日发射升空，飞行了 11 个多小时。NASA 似乎又恢复到了最佳状态。

1968 年 4 月 1 日，在"阿波罗 6 号"发射前四天，林登·约翰逊总统——NASA 有史以来最亲密的政治朋友——宣布他不会寻求连任。如果你生活在那个时代，但并不记得 4 月 6 日的阿波罗发射，很可能是因为那天的媒体完全专注于另一件完全不同的事情：1968 年 4 月 4 日，马丁·路德·金（Martin Luther King）博士遇刺身亡。

阿波罗计划的最后一次无人飞行中，"阿波罗6号"的主要任务目标是测试系统启动月球轨道入射（Trans-Lunar Injection，TLI）的能力，即脱离地球引力的能力。然而，到那时为止都很可靠的"土星5号"，在第二子级和第三子级都出现了发动机问题。第二子级的部分发动机提前关闭，但由于冯·布劳恩对冗余近乎虔诚的热情，阿波罗制导系统通过点燃第二子级剩余的发动机和第三级子级发动机，延长了其燃烧时间，从而弥补了部分发动机提前关闭带来的影响。最终，上层子级仍然设法抵达了一个可行的轨道，虽然不是预期的轨道。

但问题并没有结束。到了测试 TLI 的时候，第三子级没能重新点火。NASA 尽最大的努力，试图让"阿波罗6号"值回票价，但最终不得不中止了任务，命令"阿波罗6号"太空舱重返大气层，坠落在距离目标区域约 80 公里的地方。

发动机问题可以追溯到"pogo 效应"，这是一种潜在的危险振荡，有时会发生在液体燃料火箭发动机上，导致燃料消耗量和加速度的上下波动。在极端情况下，这种振荡导致的振动可能会将火箭拆散。美国和苏联都在太空项目的早期遇到过这个问题，有时会导致灾难性的爆炸。[16]

尽管存在这些严重问题，NASA 还是决定宣布"土星5号"适合载人。考虑到近期结束的"阿波罗1号"调查结果带来的阴影，这是一个具有讽刺意味的决定。

　　"阿波罗 7 号"将标志着 NASA 重返载人航天飞行，且是重新设计的阿波罗飞船的处女航行。这将是美国首次将三名宇航员一起送入太空，也是首次使用"土星 1B 号"载人。距离 NASA 上一次载人飞行已经过去了近两年时间，[17] 对于一个试图在 1969 年 12 月之前登月的项目来说，这是一个漫长的旱季。这次任务将由沃尔特·席拉指挥，唐·艾赛尔（Don Eisele）担任高级驾驶员和领航员，沃尔特·坎宁安（Walter Cunningham）[18] 担任副驾驶和系统工程师。艾赛尔曾接受过指挥舱飞行员的培训，坎宁安曾接受过登月舱飞行员的培训。这三人都曾任"阿波罗 1 号"的后备机组人员。随着格里松、怀特和查菲的去世，席拉的机组人员排在第二位，他们被分配到了"阿波罗 7 号"的飞行任务中。

　　随着双子星座计划的结束，承包商也发生了变化。北美航空公司退出了，罗克韦尔国际公司加入了进来。[19] 这意味着地面工作人员的重大变动，包括发射台负责人古特·温特。由于古特是北美航空的一名雇员，这意味着他将不能继续在发射门架附近工作。像其他宇航员同伴一样，席拉感到和这位德国口音的朋友之间有一种特殊的亲缘关系——他是每个宇航员进入太空舱后，看到的最后一张友好的面孔。席拉对古特的离开感到非常气愤，所以他说服了他的老板德克·斯莱顿，让他去游说罗克韦尔，将古特从北美航空公司挖过来，然后又说服罗克韦尔让古特重新负责发射台的相关流程。在那之后，宇航员们又有了一个新的笑料："古特·温特去哪里了？他回去了。"之后，温特继续担任整个阿波罗计划的发射台负责人。

席拉将是第一位在水星、双子星座和阿波罗三个载人计划中都担任过宇航员的人。NASA 的项目经理正在准备一个需求很多、逐步推进的发射和测试计划时间表，他们希望让"阿波罗 7 号"帮助这一项目从"阿波罗 1 号"事故的挫折中奋起直追。"阿波罗 7 号"任务的计划表有很多要求。在诸多任务中，席拉宇航员团队的任务之一是挖掘重新设计的阿波罗太空舱和完全翻新过的宇航服的价值。他们需要对其进行足够的测试，以确保在未来的任务中可以使用它们。飞船上将不会有登月舱，但机组人员将在练习环节中操控指挥舱，使其与登月舱附加装置的实体模型对接。服务推进系统需要能够多次启动和重启，本次任务中将对它将进行彻底的测试。另外，全新的太空食品菜单也将在此次任务中进行供应。此外，"阿波罗 7 号"将是美国第一次从太空中进行电视直播的太空任务。最后一件事比最初想象的更重要，因为 NASA 完全相信它能确保最终的登月过程被完整记录下来，并实时传送回地球。

"阿波罗 7 号"飞行了 11 天，这是当时持续时间最长的载人飞行任务之一，仅次于"双子星 4 号"。当然，NASA 知道机组人员可能需要接受心理测试，看看他们能否在这么小的空间里待如此长的时间，但没有人能预料到这个非官方测试会失败到什么程度。到达预定轨道后不久，机组人员就开始争执，并与他们的太空舱通信员争论不休。后来在 NASA 的传说中，这被称为"第一次宇航员叛乱"。

　　"叛乱"的例子之一是席拉、太空舱通信员杰克·斯威格特和德克·斯莱顿之间的一段对话，当时斯莱顿试图让机组人员相信打开电视直播视频的简单性和重要性，但没有成功。

　　席拉：你们在这个飞行时刻表上增加了两次火箭推进剂的受控燃烧，还增加了尿液倾倒；我们这是一艘新的飞行器，我可以告诉你，现在电视节目将被推迟，在会合前没有任何进一步商量的余地。

　　太空舱通信线路（杰克·斯威格特）：收到。

　　席拉：收到。

　　太空舱通信一号线路（德克·斯莱顿）："阿波罗7号"，这里是太空舱通信一号线路。

　　席拉：收到。

　　太空舱通信一号线路：在这件事上，我们能同意的做法就是打开它。

　　席拉：……"阿波罗7号"有两名指挥官？

　　太空舱通信一号线路：我们在这里达成一致的行动就是拧开开关。无须其他与电视相关的动作；我认为我们仍然有义务这样做。

　　席拉：我们还没有准备好设备；我们还没有机会进行相关设置；我们现在还没有吃过东西。现在我感冒了。我拒绝以这种方式搞乱我们的时间线。[20]

　　席拉后来解释说，三名机组人员中的一人将病毒带进了太空舱，在发射后不久，他们都患了重感冒，他们的态度也表明了这一点。克里斯·克拉夫特确认"阿波罗 7 号"的宇航员将再也不能在太空飞行，以此表达他的愤怒。[21]

　　尽管沃利·席拉被禁飞，但他将成为一个闪亮的例子，证明一旦成为 NASA 的宇航员，在任何事情上都很难失败。从太空返回并从 NASA 退休后，席拉利用他著名的"阿波罗 7 号"感冒事件变现，成为曲普利啶感冒药公司的电视代言人，以及舒洁纸巾制造商金佰利公司的董事会成员。

25 速度 33 马赫

没有东西能像航天器这样的完美。

——吉恩·克兰兹

作为任务指挥官，弗兰克·博尔曼坐在阿波罗三人舱段左边的位置。比尔·安德斯（Bill Anders）坐在右边，吉姆·洛威尔坐在他俩中间。每个宇航员都会偶尔瞥一眼正在走着的时钟。很快，他们就会尝试一件其他生物从未做过的事情：逃离地球引力。三位宇航员正在地球轨道内飞行，此时的他们虽然已经处于太空之中，但是仍然在地球引力的俘获之下，就好像一条系着链子的狗，在围着它的主人打转。如果一切按照计划进行，很快，宇航员们将会用斧子砍断链子，将自己推出地球轨道，逃离其母星的引力虎钳。这将是一个伟大的历史时刻，所有参与其中的人都感受到了这点。

此次任务被命名为"阿波罗 8 号"。三位宇航员之所以被选中执行此次重要任务，是因为他们拥有极高的天赋、广泛的技能和务实的态度，尤其是"正直先生"本人：弗兰克·博尔曼。

在"阿波罗 8 号"任务期间，有一个太空项目的传统已经开始引起争议：人们开始考虑是否应该废止发射前带有仪式感的牛排加鸡蛋的早餐。因为当宇航员们解开安全带从座位上起来时，他们都会感到恶心。双子星太空舱过于狭窄，宇航员在里面移动都十分困难，但是在大得多的阿波罗太空舱里，宇航员则可以离开座位活动一下，享受失重带来的不同感受。其中不好的感受就包括恶心。三名宇航员都感到了不同程度的不适，其中博尔曼的不适感最为强烈。[1]

不论是否"晕船"，他们当时都很忙碌。NASA 只给了他们两周绕地飞行的时间，以进行超大量的预备工作。他们在地面模拟器上对这些工作进行了许多次的练习和钻研，但是这些模拟器都无法完美模拟他们现在面临的零重力情况。当他们工作时，宇航员们一直保持着与任务控制中心的交流，交流的内容大部分都是类似于"一切看起来都很好"的常规套路。虽然离得远，但是通信信号没有明显的干扰。发射过程完美无瑕，火箭子级分离也按照设计的情况完成了，将"土星 S-ⅣB"的第三子级和太空舱送进地球轨道的过程看起来也近乎完美。

然而，任务的下一步才是最关键的：点燃第三级火箭的发动机，挣脱地球母星的引力束缚，飞向月球。这个机动在 NASA 内部的行话中叫作 TLI（月球轨道入射）。罗伯特·戈达德、沃纳·冯·布劳恩和谢尔盖·科罗廖夫的少年时代的梦，在此刻汇聚在一起，成为令人惊叹的现实，地球上一半的人都在电视转播中看到了整个任务，或至少是任务的一部分。

虽然"阿波罗8号"不会在月球上降落，但它将会执行当时人类历史上最为伟大的任务——脱离地球轨道，飞行24万英里到达月球，绕月球十圈，然后，希望可以顺利地将三名宇航员安全送回地球。

逃逸速度是指让一个物体摆脱地球引力所必须达到的速度，其具体数值被人们广为熟知。这个速度值是在阿波罗计划的100年前，由康斯坦丁·齐奥尔科夫斯基根据300年前牛顿发现的基本数学与自然法则推导得出的。对于地球而言，这个值为25020英里/小时，约为33马赫（即这个速度为音速的33倍）。媒体经常说"阿波罗8号"将达到逃逸速度，但是事实上，NASA故意留了一点余量。作为一种安全防护措施，NASA的工程师将任务中的逃逸速度设置为24200英里/小时，这个速度可以让他们足够快地到达月球，同时又能保证在任务必须取消的情况下，飞船速度不会快到地球引力无法把它拉回来的地步。[2] 这种设计还有另外一个好处，就是可以让阿波罗飞船在远离地球的过程中慢慢减速，这意味着减速进行月球轨道进入（Lunar Orbit Insertion, LOI）时，所需要的发动机推力将会更小。

迈克尔·柯林斯是"阿波罗8号"的主要太空舱通信员之一。柯林斯曾经是一名试飞员，他在1963年被选入"第三批14人"宇航员小组，也是"双子星10号"上的一名老兵。当NASA的飞行控制中心将指挥舱的数据传输下来时，所有的飞行系统看上去都在其规定的参数范围内工作，所以大家决定让"阿波罗8号"在指定的时间点启动其发动机进行 TLI。弗兰克·博尔曼和他的船员们得到了挣脱地球奔向月球的绿灯许可。柯林斯掌握着飞行决定权，他向焦急等待着的宇航员们发出了好消息：

"好吧，'阿波罗 8 号'。你们开始 TLI 吧。"

月球轨道入射不仅在科学和历史上是非常重要的里程碑，在政治上也是。在这一刻之前，美国与苏联之间的太空竞赛一直都呈并驾齐驱的态势，其中一方偶尔会超过另外一方。苏联用"伴侣号"人造卫星开启了太空竞赛，又通过"月球 3 号"探测器拍摄月球背面、加加林的首次太空飞行等一系列成就将其在竞赛中的领先优势扩大。美国人一直在奋力追赶，同时也不断取得成功。然而，TLI 将会改变这场暗中较量的竞争态势。通常来讲，竞赛在感性层面和哲学层面的意义远大于科学层面，太空竞赛也是如此。美国和苏联之间关于探索太空的"竞赛"中，并不存在一种科学的衡量方法：没有起跑线，没有终点线，也没有公认的获胜标准。然而，正是这种单纯的竞赛概念的存在铸就了两个国家的热情，这对推动太空领域发展而言十分必要。之所以说 TLI 将会改变一切，是因为它将会很大程度上扭转这种哲学决斗的态势。宇航员们摆脱地球、奔向月球的时刻将会是一个特别的里程碑，这个里程碑将标志着美国已经在太空竞赛中处于领先位置。在世界上首次月球轨道入射之后，美国将不再需要提防其竞争对手超越自己的可能性了。[3]

迈克尔·柯林斯是少数几个明白此次事件重大意义的人之一。

作为太空舱通信员，柯林斯反思了一下这个未经宣布的时刻。他感到此刻应该有一些庆祝性的公开通告，比如放烟花，或者"一个铜管乐队"。[4]但事实上却是什么庆祝都没有，只有"你们开始 TLI 吧"这样一句无趣的术语。

现在距离 TLI 只有五分钟了。在太空舱中，宇航员们为了准备这一时刻的到来，正在检查仪器，较松地扣上了他们座位上的安全带（因为加速度比较小，不需要系太紧），然后再检查一遍仪器。然后，在所有准备工作都完成之后，就只剩下盯着时钟了。在还剩十秒钟的时候，博尔曼开始口念倒计时。当倒数到"零"时，随着氢氧推进剂在发动机燃烧室混合、点燃，并将他们的飞船推到更快的速度，宇航员们感到了一阵加速度带来的颠簸。

再一次，他们的目光在各个仪器中间来回移动，以确保飞船上一切正常。宇航员们大声读出仪表盘上的数字来互相确认，同时柯林斯通过无线信号偶尔向飞船上传送一些鼓励性的信息。发动机将会精确地燃烧 5 分 20 秒。燃烧的高潮被 NASA 称为 SECO，即"主发动机停止"（sustainer engine cutoff）。在发动机工作过程中，宇航员表现得非常冷静。飞船上的时钟继续往前走着，直到发动机工作结束。在这个设计好的时间点，飞船上的电脑系统完美地完成了它的工作，关闭了发动机，飞船开始进入通往月球的无动力滑行阶段。

"很好，我们的 SECO 完全没有偏差。"博尔曼宣布。

"收到。"柯林斯回复道，"SECO 情况了解了。"

只用了不到五分钟，"阿波罗 8 号"就打破了"双子星 11 号"

的 850 英里飞行高度纪录。在 SECO 之后，速度达到了 24200 英里 / 小时，弗兰克·博尔曼、吉姆·洛威尔和比尔·安德斯变成了世界历史上速度最快的人类（如果不考虑地球本身和它的居民以 6.7 万英里 / 小时的速度围绕太阳旋转的事实）。

　　宇航员们都知道目前他们的工作有多紧急。只有"阿波罗 8 号"成功了，肯尼迪总统的承诺才有可能实现。"阿波罗 1 号"火灾引起的调查、听证和产品重新设计等工作导致了 18 个月的延期，任何事故或者任务失败都将如"阿波罗 1 号"的灾难一样，毫无疑问地将项目节点再次延后。"在这个十年结束之前"将会变成"下一个十年的某个时候"。这也是为什么博尔曼成为此次任务的指挥官：NASA 非常清楚，他头脑清醒、严肃认真、从不胡搞。"阿波罗 8 号"必须成功，所以没有人比他更有资格领导此次行动。

　　在 SECO 之后，下一个主要任务就是将指挥舱与"土星 S-IVB"的第三级火箭脱离。火箭的燃料已经基本燃烧殆尽，现在它只是一块累赘。洛威尔需要输入一连串的电脑命令，以实现火箭脱离。当他输入完毕后，电脑问了个简单的问题："继续？"洛威尔输入了"是"的指令，然后一圈爆炸螺栓起爆，将飞船与已经毫无用处的火箭脱离。博尔曼作为飞船驾驶员，此时操纵控制装置，使推进器温柔地点了几次火，以便将飞船与正在翻滚的火箭子级推开一定的安全距离。然后，他将飞船掉转 180 度，以便看见"S-IVB"火箭，并确保它与飞船之间有足够的安全距离。

　　就在这个时刻，他们看到了地球。从来没有人在距离地球如此远的地方遥望它。

安德斯是机组成员中的摄影师。他拍摄了几张地球和正在离开的 "S-IVB" 火箭的照片。他还想继续拍摄，但是博尔曼让他停了下来。虽然博尔曼知道任务控制中心十分想要这些照片，但是他更专注于完成此次任务。

此次任务中的无动力滑行部分开始了。洛威尔拿出一个测量工具，用来测量飞船的位置。这种工具技术含量显然较低，但是在1968 年就算是最先进了。这个测量工具叫作六分仪，跟很久以前航海家使用的工具一样。现在，它被用在了人类建造过的技术含量最高的机器上。用几颗星星作为参考，洛威尔就可在此次任务中，对飞船的位置和轨迹的精确性进行验证。

在无动力滑行阶段，宇航员们还有好多其他事情要做，但很快出现了一个意想不到的问题，宇航员们不愿意通过麦克风上报，唯恐任务控制中心的每个人都得知这件事：弗兰克·博尔曼之前恶心、晕飞船的症状恶化了。他的肠胃开始出现问题，上吐下泻。在博尔曼的坚持下，他的身体情况被保密了大概 24 个小时，然后任务控制中心才根据下载的宇航员之间的私人对话录音知道了这一情况。

任务控制中心的首席医生查尔斯·贝瑞被召唤了过来。他在磁带里听到的东西使他警觉起来。这些年来，NASA 一直担心宇航员在穿越范艾伦辐射带过程中产生不适。当 "阿波罗 8 号" 在 620 英里的高度飞行时，这种情况曾出现过。但是，几分钟、几小时过去了，洛威尔和安德斯都没有出现任何症状。因此，医生排除了辐射致病的可能性。最后，医生得出了一个结论：博尔曼染上了病毒，这意味着他可能将病毒传染给洛威尔和安德斯。贝瑞医生向控制中心建议考虑取消此次任务。但是当他的建议传到宇航员们的耳朵里时，他们却拒绝考虑这个建议。博尔曼把这个想法叫作"纯粹的马粪"。[5]

这样，任务就不折不扣地开始执行了。在接下来的几天里，所需做的事只有凭借速度和惯性，等待飞船最终抵达月球轨道。在航行过程中他们会修正几次航线、进行多次设备复查、偶尔把尿液排到太空以及让自己偶尔奢侈地睡一觉。跟沃利·席拉在"阿波罗7号"任务中做的一样，博尔曼对 NASA 关于宇航员需要同时睡觉的要求十分警惕。跟席拉一样，博尔曼感到，同时睡觉是一种十分粗心大意的做法，在任何时间，都至少需要有一名宇航员保持清醒、坚守岗位。作为任务指挥官，他决定遵从自己的直觉，他下令在任务的绝大多数时段都采用一人睡觉、两人值守的睡眠时间表。

在大约 20 万英里的高度，月球对飞船的引力开始大于地球，这导致飞船的速度逐渐增加。当指挥舱接近月球时，它的速度从3800 英里 / 小时增加到了 5800 英里 / 小时。[6] 此时，飞船基本上以一种朝后的姿态飞行，其火箭喷嘴正对着前进方向，进行了长达 4 分2 秒的喷射。宇航员们为了这个关键性的喷射准备了很长的时间。

在这次具有历史意义的飞行进行到 68 小时 4 分时，太空舱通信员向"阿波罗 8 号"传话，准许他们进行 LOI 机动，即月球轨道进入。此时当值的太空舱通信员是宇航员杰瑞·卡尔。

"'阿波罗 8 号'，这里是休斯敦。在 6804 时刻进行 LOI。"

在月球引力拉弯飞船的航迹后，发动机将很快开始工作，这意味着在点火的那一时刻，他们将在月球的背面。因此，任务控制中心无法监测和控制这一过程，"阿波罗 8 号"和地球之间的无线电遥测信号将会切断 35 分钟，这个时间长得让人恼火。直到"阿波罗 8 号"绕过月球远端，再次出现在地球的视线中时，任务控制中心才能得知宇航员们的命运如何，前提是他们能够再次出现。在信号中断前的几秒钟，卡尔向宇航员们传递了最后一条无线电消息。

"咱们在另一边见。"

到目前为止，"阿波罗 8 号"大多数的飞行时间中，它都是倒着航行的，头部朝着地球。因此，宇航员无法看到月球，只能在看不见目标的情况下靠信念航行。现在，由于他们已经慢慢驶入月球的引力范围中，洛威尔从窗户往外看，第一次近距离看到了月球。当看见环形山、谷地和沟纹在他们下方出现时，他和安德斯都无法抑制激动的情绪。

博尔曼让大家把注意力转移回当下的任务中，并在指定的时间点下达了发动机再次点火的命令，将飞船速度降至绕月球轨道飞行速度。发动机再次完美无瑕地运转起来。当时是 1968 年 12 月 24 日，因为与地球的通信中断了，只有这三个宇航员知道任务正在顺利进行（"A-OK"）。7

"阿波罗 8 号"的指挥舱和宇航员们正在继续创造着航天领域的历史，包括成为首批亲眼看见月球背面的人类。博尔曼身体不适，但是安德斯拍照拍得停不下来，洛威尔也无法抑制观景的冲动，两人都不停地从一个窗户飘到另一个。同时，在地球上，30 亿人在焦急地等待着消息。"阿波罗 8 号"现在是否在一个完美的月球轨道上航行着？会不会出什么差错？如果减速火箭工作时间过长，飞船可能会撞上月球。如果工作时间过短，他们将会错过月球向深空飞去。在地球上的所有人中，没有人比宇航员的家人们更加焦虑。他们全都耐心地坐在他们的"扬声器"旁边。（"扬声器"都是 NASA 安装在他们家里的，这样他们就可以听到宇航员与任务控制中心之间的对话。）

由于数学家、电脑程序员、硬件设计师和宇航员的功劳，任务控制中心最终再次收到了"阿波罗 8 号"的遥测信息，收到的时间点与理论计算出的时间点误差小于一秒。

卡尔向飞船打招呼："'阿波罗 8 号'，这里是休斯敦。完毕。"

"休斯敦请讲。这里是'阿波罗 8 号'。"

接下来的对话被响彻任务控制中心的巨大欢呼声淹没了。

在再次点燃发动机返回地球前，博尔曼和他的船员要完成十次完整的绕月轨道飞行。在这段时间里，NASA 给宇航员们留了很多作业和试验。在从地球到月球的路途中，他们饱含热情，一心想要完成尽可能多的工作，因此他们不断缩短睡眠时长。为了向那些把他们送上月球的人表示感谢，宇航员以他们的名字给环形山和其他地理标志命名，包括那些在意外中丧生的宇航员。洛威尔发现了一座山峰，然后以自己妻子的名字给它命名为玛丽琳山。

地球上的人们通过收听飞船发送的六次定时广播来参与此次任务。博尔曼轻蔑地将这些广播称为"过度表演"，但是 NASA（和公众）都坚持要这样做。三次广播已经结束。在接下来的三次广播中，最让人期待的就是在圣诞前夜的那一次，在那之后不久飞船就会离开月球轨道。数月以来，人们都在争论圣诞前夜的那次广播主题应该是什么。唯一让所有人都认同的是这个主题应该"很特别"。在他们发射升空的三周之前，NASA 在休斯敦的首席公关事务官朱利安·希尔告诉博尔曼："你将会在电视观众中拥有最大的收视群体，而给你的时间有五六分钟。"[8]当博尔曼问他们应该怎样利用这一段时间时，希尔回答道："只要得体就好。"

博尔曼小心地考量着他的各种选择，但是最终还是没能得到一个满意的想法。他与洛威尔和安德斯讨论，但他们也没有主意。这件事在多个部门内讨论了一圈，最终还是没人想出合适的点子。从这件事中可以看出，相对于制造火箭的才能而言，NASA 在电视节目制作方面的能力是多么欠缺。曾任肯尼迪总统公众事务官的乔·莱廷就是为这个问题绞尽脑汁的人之一。他跟他妻子克里斯汀提起这件事，她也给不出什么建议。在几天之后，大约凌晨四点的时候，莱廷仍然在厨房里想这个难题，这时克里斯汀走了进来。她告诉莱廷她想出了一个主意。莱廷马上就觉得她的想法是对的。

　　她的主意，跟所有的好主意一样，体现了大道至简的原则。在发射的几天前，莱廷通过行政系统将这个想法告诉了宇航员，他们也认同了这个主意。[9]

　　当宇航员们从月球远端被拉回来，即将开始最后一次绕月飞行，当他们朝向地球和地球上的居民时，三名宇航员开始了他们的圣诞前夜节目。一开始其实很简单，每个人轮流尝试着在人类语言表达的极限之内，描述飞越时以及近距离观察地球孤独的卫星是一种怎样的感觉。

　　"对我们每个人来说，月球都是一个很不一样的事物。"博尔曼首先说道，"它是一种广袤、孤独、禁忌的存在，或者说是广阔的虚无。它看起来就像是一堆一堆的浮岩。"

　　"月球上广阔的孤独令人敬畏，"洛威尔补充道，"它提醒着你在地球上拥有的那些东西。从这里看，地球就像是广袤太空中的一片巨大的绿洲。"

　　安德斯补充道："我觉得最让我印象深刻的是月球上的日出和日落。"

　　这三名太空诗人花了几分钟向观众描述他们所看到的景色，然后博尔曼宣布："'阿波罗8号'的宇航员想向地球上所有人传递一条消息。"[10]

　　虽然"阿波罗8号"的任务具有很高的技术含量，但是他们的飞行计划依然是打印纸上的，虽然是一种防火的纸。在他们飞行计划的最后一页上，插入了他们的平安夜消息。安德斯现在打开了那页。

"起初，"他念道，"神创造天地。"

每个宇航员轮流朗读了《创世纪》前十段，这一部分通常被称为"创造的故事"。公开地向公众朗读这些韵文的做法，将"阿波罗8号"及其宏大任务推向了一个全新的视角。就连任务控制中心的那些古板的科学怪人都被感动了。地球上大约有10亿人看见或听见了这些消息，产生了巨大的人文影响。当他们朗读完毕后，博尔曼用一段谦逊的话作为结语。

"'阿波罗8号'的宇航员在此祝您晚安，祝您好运，祝您圣诞快乐。愿上帝保佑你们所有，所有在美好地球上的人们。"[11]

在任务结束之前，世界各地的权威专家、记者、政客和科学家们已经开始衡量"阿波罗8号"众多成就的重大意义了。英国乔德雷尔班克天文台的伯纳德·洛威尔先生将"阿波罗8号"的成就描述为"人类史上最具有历史意义的成就之一"。苏联国际宇宙计划的主席鲍里斯·彼得罗夫将此次飞行描述为"美国航天科技的非凡成就"。

博尔曼和他的宇航员首先会在月球轨道绕行十圈，然后再次开启发动机，摆脱月球轨道飞回地球。他们将精准地降落在北太平洋上。

迈克尔·柯林斯，这位未来"阿波罗11号"指挥舱驾驶员及首次参与登月任务的宇航员，有一天将会在提及"阿波罗8号"的成功任务时，说它比登月本身的意义更为重大。

26 和蔼的陌生人

巴兹通常都很安静，没法跟人闲聊。

——迈克尔·柯林斯

尼尔·阿姆斯特朗是我见过的最好的飞行员。

——巴兹·奥尔德林

阿姆斯特朗对于能够与迈克尔·柯林斯和巴兹·奥尔德林
一起执行"阿波罗 11 号"的任务感到十分满足。

——詹姆斯·R. 汉森（James R. Hansen）

"阿波罗 8 号"成功返回两周后，受到了全世界的吹捧，而
NASA 还未宣布首次执行登月任务的宇航员名单。登月行动暂定由
"阿波罗 11 号"或者"阿波罗 12 号"来完成。每一名宇航员都在
努力游说，希望自己成为执行人类史上最具历史意义的航行任务中
的一员。耳语和绯闻在整个 NASA 传播着，在报道太空项目的记
者之间传播着，在好几百万普通美国人中间传播着。谁将会是第一
批登上月球的人呢？

冯·布劳恩、詹姆斯·韦伯、克里斯·克拉夫特以及其他一些太空小圈子里的人，仍在私底下为苏联而烦恼，害怕有一天苏联可能首先宣布成功登月、再次将纪录载入史册。在过去，苏联在太空领域的首次纪录是如此频繁，以至于妄想症像病毒一样渗入了NASA。每一个人，从控制员到宇航员，从技工到工程师，都在不停地自我怀疑。"阿波罗8号"确实提振了他们的士气，但是，中央情报局正在不停地派间谍飞机，对拜科努尔的一枚正在组装的巨大火箭进行拍照。这个火箭跟"土星5号"一样大。[1]

在1969年7月4日，人们发现了至少一项这枚苏联火箭的预期任务。好像是要故意对NASA的妄想症火上浇油一样（恰好选择在美国独立日那天），苏联将两艘"联盟号"飞船送入地球轨道。在仅仅绕地球两周后，两艘飞船实现了交会。然后，两个太空舱的宇航员完成了美国人甚至不敢想象的任务：两名宇航员通过舱外太空行走，从一个太空舱到达另一个太空舱，然后两个太空舱都顺利返回了地球。于是，苏联又创造了一项太空纪录。

五天之后，NASA召开新闻发布会，宣布"阿波罗11号"和"阿波罗12号"的宇航员。会上正式宣布，登月任务由"阿波罗11号"执行，其宇航员如下：尼尔·阿姆斯特朗为任务指挥官，巴兹·奥尔德林为登月舱驾驶员，迈克尔·柯林斯为指挥舱驾驶员。

"阿波罗11号"的宇航员及其家人和"阿波罗12号"非常不同，这种对比很快变得十分明显。皮特·康拉德、艾伦·比恩和迪克·戈登（Dick Gordon）之间有很多共同点，他们的海军飞行员背景只是其中之一。他们都开一样的金色雪佛兰科维特车，他们的妻子会抓住一切机会组织社交联谊活动，甚至会穿一样的衣服。[2]"阿波罗 15 号"的宇航员也开一样的科维特车（红色、白色和蓝色）。由吉恩·塞尔南带领的"阿波罗 10 号"宇航员都是很亲密的朋友，并且为他们的团队配合能力感到骄傲。当他们干完一天的活儿之后，还是待在一起，一同喝一瓶啤酒（或者两三瓶），讲讲笑话，找到释放压力的方法，并且慢慢共享 NASA 允许的有限闲暇时光。

"阿波罗 11 号"的宇航员则像是另一种模子刻出来的。

这三名宇航员组成了一个不太可能的三人组。虽然多数宇航员都喜欢社交，比较外向，但是阿姆斯特朗、奥尔德林和柯林斯都有"独行者"的名声。他们独处的时间比跟别人待在一起的时间长，并且经常沉浸在自己的世界里。迈克尔·柯林斯将他自己和其他两名宇航员同伴称为"和蔼的陌生人"。他们的妻子也是一样，很少参加社交活动，只有在 NASA 组织必要的活动时才聚在一起，或者待在宇航员妻子俱乐部里。

当他们结束一天的工作后，柯林斯、阿姆斯特朗和奥尔德林会直接回家，不会在深夜去酒吧或者在可可海滩开着科维特飙车。其他宇航员伙伴们的那种充满活力、狂欢的生活作风并不符合他们的本性。把他们三个安排在一起是出于巧合、天意？或仅仅是 NASA 的设计呢？对于阿姆斯特朗而言，当德克·斯莱顿选他做阿波罗任务指挥官时，没有人比他自己更惊讶。阿姆斯特朗是一名谦逊的、柔声细语的、十分聪明的工程师和驾驶员，他是少数几个看似能得到 NASA 所有人敬意的人。但是很多 NASA 的人都认为，在一群喜欢社交的、富有趣味的宇航员中间，他那种和风细雨的性格将会是一个掣肘。他怎么可能在这样一群人中脱颖而出呢？但是不知为什么，阿姆斯特朗做到了这一点。

对于首次登月任务，奥尔德林看上去是一个符合逻辑的人选。尽管几个月以来，斯莱顿都曾严肃地考虑让吉姆·洛威尔担任这一角色，他也是这么跟阿姆斯特朗说的。但是奥尔德林有一些特质，可以让他在任何其他选项当中凸显出来。他是宇航员队伍中唯一一个拥有工学博士学位的人，并且这个学位所涉及的领域至关重要：太空交会。他在轨道飞行力学和许多其他重要领域的知识储备都是传奇级别的。唯一真正算得上出乎意料的人选只有柯林斯。

迈克尔·柯林斯曾在 1968 年 8 月因为意想不到的身体问题，被从具备飞行状态的人员名单上移除。"我身上有一些东西不对劲，它潜伏着，并且在不断恶化，变得显然十分严重。"[3]

在一场手球比赛中，柯林斯发现他的双腿不听大脑使唤了。最开始他没有太在意这种症状，以为是高强度的宇航员训练带来的疲劳所致。当时他跑步、下楼梯都出现了困难，有些时候完成简单的平地行走都觉得困难。有一天，在他下楼梯的时候，他的左膝盖不自觉地扣住了，差点摔倒。在那之后，他开始感到左腿有刺痛感，而且有些时候腿的一部分会变得完全麻木，丧失所有知觉。几天之后，因为麻木和刺痛的感觉开始向上转移至大腿，柯林斯决定去做一件所有宇航员都像躲避瘟疫一样避之不及的事情：看外科医生。他完全明白，他的此次求助将可能让自己被踢出飞行任务。柯林斯曾经在历史上著名的"阿波罗8号"任务中落选，让吉姆·洛威尔占了便宜。

1968年7月12日，柯林斯走进了NASA卡纳维拉尔角的飞行员外科医生办公室。医生无法确诊，于是柯林斯又被送去了休斯敦的专科医生那里，并做了一系列的X光检查。诊断结果如下：在第五块和第六块颈椎之间的骨质增生正在挤压他的脊柱。他需要立刻进行手术。[4]

在圣地亚哥的空军维尔福德大厅医院进行的手术很成功，但是康复期需要持续数月。于是他被移出了具备飞行状态的人员名单。迈克尔·柯林斯还能再执行阿波罗任务吗？这个问题使得他晚上难以入睡。但是，柯林斯以近乎神奇的速度康复了，在11月底，他又恢复了完全可飞状态。

在休斯敦，柯林斯一直让自己保持忙碌，他充当NASA的发言人，在任何需要他的时候进行演讲。他还支持并帮助了"阿波罗8号"宇航员，为他们历史性的绕月飞行旅程完成准备工作。作为对他工作的奖励，他被任命为"阿波罗8号"负责监管发射任务的绿队的太空舱通信员。

对于加入阿姆斯特朗和奥尔德林，成为"阿波罗11号"宇航员，柯林斯在他的著作《传播火种》(*Carrying the Fire*)中写道："我觉得自己太他妈幸运了。"[5]

27 最后的彩排

登月的主要障碍正在一个又一个地被移除。

——迈克尔·柯林斯

去那个"从来没有人到过的地方"有诸多挑战，挑战之一是需要众人在飞行的任务、航迹、目标、方法和其他 100 万个细节上达成一致。现在，登月可能真的会发生，随着这个事实变得越来越明显，NASA 的管理者、工程师和任务控制员聚在一起，组成了一支60 人的团队，称为"登月专项组"。专项组的目标是讨论并决定宇航员在离开指令服务舱、进入登月舱之后，都需要完成什么任务。先做什么，后做什么？在第一个小时之内要完成哪些事？第二个小时内呢？等等。为了找到这些问题的答案，他们要举行一次会议，从 NASA 内部有影响力的人那里收集各种各样的想法。他们会随口吐出几百个点子，然后大家从谷壳里捡麦子，挑出好的观点。史蒂夫·贝尔斯是一名任务控制员，他在大学还没毕业的时候就挤进了 NASA，后来又进入了登月专项组。他这样描述那次会议："众说纷纭，非常聒噪。经常多人在同时说话，有时还大喊大叫。偶尔有人会非常生气，气得离开会场。"[1] 会议用了半天时间，决定了月球舱内第一个小时的行动任务。虽然像股票交易所一样喧闹，但是两天之后，专项组还是给出了月球舱初始操作的初步方案。

一旦"阿波罗8号"证明可以安全完成导航去月球并返回的任务，就进入了最后带妆彩排的阶段。这些彩排就是"阿波罗9号"和"阿波罗10号"。他们的任务是检测飞船硬件和电脑软件中每一个主要项目，为"阿波罗11号"的最后演出做好准备。

"阿波罗9号"于1969年3月3日发射，它载有三名宇航员，并首次带着可工作的登月舱。这是第一次指令服务舱（外号"橡皮软糖"）和登月舱（外号"蜘蛛"）在一起飞行、分离、机动并相互对接。在两次对接机动中，第一次是当登月舱安装在火箭子级里面的状态，第二次是在登月舱与火箭子级脱离的状态。另外，他们还要测试在真实的无重力状态下，宇航员在指令服务舱和对接着的登月舱之间往返转移。

詹姆斯·麦克迪维特是任务指挥官，大卫·斯科特（David Scott）任指挥舱驾驶员，罗素·施韦卡特任登月舱驾驶员。[2] 他们任务的一个重要目标是练习多次发动机点火、停机，以及在月球登陆任务中需要用到的发动机节流操作。在任务过程中将会有多次发动机点火，有一些将会持续很长时间，产生的飞行轨迹好似体操表演。轨道的速度、高度和形状在为期十天的任务周期中频繁变化，以便验证两艘飞船的通用性和机动性。

虽然"阿波罗8号"作为此次任务的直接前身，已经在地月旅行中取得了很多成就光环，但"阿波罗9号"才弄明白了登月所需

215

的机动和所有细节。

那时 NASA 的飞行计划和计算已经相当精确，"阿波罗 9 号"的宇航员在发射 241 小时 53 秒后降落在了大西洋，这个时间点只和飞行计划相差了十秒钟。[3]

登月舱系统可以在太空中可靠工作，这点被证实后，下一步就是将其飞到靠近月球的地方（但是不降落）。登月之前的最后彩排任务将由"阿波罗 10 号"完成。此次任务由托马斯·斯塔福德担任指挥官、约翰·杨担任指挥舱驾驶员、尤金·塞尔南担任月球舱驾驶员，他们三个都是双子星座任务中的老兵。这些宇航员又给飞船起了稀奇古怪的名字：任务舱被命名为"查理·布朗"（Charlie Brown）、登月舱被命名为"史努比"（Snoopy），这都是根据当时十分流行的查尔斯·舒尔茨漫画人物命名的。他们还首次把彩色摄像头带上了飞船，这让电视网公司更加开心了。

"阿波罗 10 号"在 1968 年 5 月 18 日发射，其任务计划是将登月舱降到离月球表面 15.6 公里的高度上。在后面的登月任务中，这一高度是动力下降的起始点。NASA 设计此次任务，不仅是为宇航员和他们的装备进行最后的彩排，同时也是为任务控制员进行最后彩排。

"阿波罗 10 号"还能帮助飞行工程师解答月球重力异常的问题。天文学家近期发现月球的重力是"波浪起伏"的，这点得到了"阿波罗 8 号"的证实，因为月球的质量分布是不均匀的。球体的有些部分比其他部分质量更大。这些密度更大的地方叫作"质量瘤"（mascons，mass concentrations 的缩写）。现在必须回答的问题是：这些质量瘤会如何影响月球飞行的航迹，特别是登月过程的航迹。根据普渡大学的地球物理学家杰·梅洛什的说法，"质量瘤产生的引力异常将导致危险，这对于阿波罗计划的制定者而言是一个痛点，就像海里的暗礁一样，需要避开它，还要围绕它进行任务设计。"[4]

NASA 一直都十分担心宇航员们叛逆的天性，在"阿波罗10号"的任务中，他们甚至担心塞尔南和斯塔福德可能不按照计划，尝试提前完成月球着陆。因此，NASA 故意没有把登月舱的燃料箱装满，使其不可能完成着陆。当时约翰·杨停留在高度为70.5英里的任务舱轨道中，斯塔福德和塞尔南则驾驶登月舱下降到计划的较低高度，并且在那个高度下巡航了一小段时间，拍摄了一些"阿波罗11号"将要降落的静海地区的照片，然后返回并与任务舱对接。根据 NASA 的说法，"所有任务目标全都实现了。"[5]

28 "如果"之战

对于太空飞行来说，一个好的模拟器是绝对必要的。

——迈克尔·柯林斯

　　阿波罗任务中，对宇航员进行飞行训练由两种形式组成：真实世界中的机械训练（喷气式飞机、直升机等）和电脑控制环境下的"黑盒子"仿真训练，其中仿真训练可模拟宇航员在飞行过程中的所见所感。对于宇航员训练而言，通过仿真环境对太空飞行进行演练至关重要。其目的在于对所有的"如果"进行充分预测：如果月球舱丧失了高度控制能力怎么办？如果任务舱的发动机没有在合适的时候关掉怎么办？如果接近月球的速度太快怎么办？这样的"如果"会有好几千个，仿真的意义在于让宇航员努力对尽可能多的"如果"做好准备。

　　作为宇航员训练的一部分，德克·斯莱顿鼓励宇航员们去训练他们的飞行技巧。据斯莱顿所言，"飞机是我们仅有的动态模拟器。如果你犯了一个错误，要么从飞机上跳出来，要么把问题解决掉。你无法像仿真一样仅仅重启电脑就行了。"[1] 对于斯莱顿而言，在真实世界中的飞行可以给飞行员提供一种电脑模拟器永远给不了的东西：在真实危险情况下的肾上腺素飙升。出于这个原因，不管什么时候，在宇航员需要长途旅行时，比如执行公关任务或者和航空航天承包商开会，他们经常驾驶"T-38"教练机前往目的地。当然，这个政策也造成了一些灾难性的后果，导致了泰德·弗里曼、埃利奥特·希和查尔斯·巴塞特的坠机死亡。

所有的阿波罗宇航员都当过固定翼飞机飞行员，只有地质学家哈里森·施密特（Harrison Schmitt）是个例外。但是他们中只有极少数人当过直升机飞行员，而部分直升机驾驶技术可以复用在登月舱的驾驶当中。所以在项目早期，德克·斯莱顿命令所有宇航员至少需要积累几个小时的直升机飞行经验，并且在他们已经十分忙碌的时间表中增加了一项新的训练项目。

除了直升机训练，宇航员们还可以使用一种类似蜘蛛的飞行器进行训练，名为"登月研究车"（Lunar Landing Research Vehicle，LLRV）。[2]LLRV由贝尔飞机公司在NASA的帮助下打造，采用一个通用电气生产的、向下产生4200磅推力的涡喷发动机，以便模拟月球六分之一重力的环境。[3]与将会登上月球的登月舱一样，LLRV是一个有着四条腿、非对称的、瘦长的奇怪飞行器。迈克尔·柯林斯将其形容为"一种外形奇怪，像会飞的床架一样奇特的装置"。[4]所有的登月舱宇航员，不论未来是否会成为登月舱驾驶员，都至少需要进行几轮相关的操控训练。登月舱驾驶员要坐在LLRV座舱内练习垂直降落，直至到达软着陆前所需的1500英尺的高度。[5]至少人们期望如此。但事实上，LLRV的驾驶难度比登月舱更高，是一个差劲的模拟器。

尼尔·阿姆斯特朗就差点在一个 LLRV 里送了命。

1968 年 5 月 6 日，还有 14 个月他就会被派往月球，阿姆斯特朗在休斯敦附近的艾灵顿空军基地驾驶 LLRV 进行日常飞行训练。一切看起来都很顺利，直到控制发动机偏转的氦气管路泄漏，导致 LLRV 飞行控制系统失灵，使它开始向后倾斜。[6] 这使得涡喷发动机的朝向越来越偏离它的垂直姿态，这种情况非常危险。当发动机越来越倾斜，直到与地面呈平行状态时，上升的推力将会消失，整个机器会像石头一样掉下来。由于倾斜角达到了 90 度，阿姆斯特朗启动了弹射控制器，将自己弹出了 300 英尺。两秒钟后，LLRV 在一个火球中坠毁了。阿姆斯特朗没有受伤，只是有点咬到舌头。他轻盈地飘到了附近的地面上。让艾伦·比恩和其他宇航员惊讶的是，一小时后，镇静的尼尔·阿姆斯特朗又回到他的办公室，开始了工作。[7]

除了真实世界中的那些激发肾上腺素的机器外，还有更安全的黑箱电脑控制飞行模拟器。当阿波罗计划的宇航员首次看到这些模拟器时，他们为技术的飞跃和复杂程度感到惊讶。这让水星计划中的那些模拟器看起来像玩具一样。每个阿波罗模拟器都复制了真实太空舱的设计、布局、电子显示、控制器，甚至是狭窄的空间。据迈克尔·柯林斯说，"光是某类型的开关就有 300 多个，更不用提管线、阀门、控制杆、托架、旋钮、转盘、把手等东西了。"[8] 其目的在于使得仿真训练环境尽可能接近真实环境。

每个模拟器都分配了一个对应的技术团队，并由一个模拟器主管来负责。依据 NASA 经典的名词缩写方法，这些主管被人称为"SimSup"。仿真团队的目的在于测试宇航员在知识和心理上是否已经做好准备，以及测试控制人员对阿波罗硬件、行动和指定飞行计划完成度的理解情况。仿真小组通过化身"扳手"来完成这些测试：仿真尽可能多的有挑战性的、疯狂的难题，让宇航员和控制员去解决，就好比往他们的自信心和知识储备上扔扳手一样。宇航员和任务控制员的任务就是为这些难题找到解决方案，以便任务和飞行目的可以顺利完成。

理论上讲，飞行仿真训练的目的很简单：使宇航员们在太空中对没有预料到的问题做好准备，而在太空中肯定会产生一些出人意料的问题。然而，在实践中，阿波罗模拟很快就演化为恶性竞争。第一种竞争是各个宇航员任务组争抢模拟器。当时在卡纳维拉尔角只有两个指挥舱模拟器，但是有五个宇航员每天抢着用。[9] 下一个要执行飞行任务的宇航员队伍拥有指挥舱和登月舱模拟器的绝对使用优先权，可以让其他所有人都靠边站。那些飞行时间表上排在后面的宇航员只能抢剩下的零碎时段。其实本应是按顺序来，但是不可避免地产生了争吵。

第二种竞争是"宇航员对战极客"。每个任务中的三名宇航员都要进行模拟器训练，任务控制中心的技术员及工程师的任务是在出现小故障、程序错误和一些其他异常情况时，通过语音回路对宇航员进行协助。SimSup 和他们精通技术及电脑的团队会创造这些小故障、错误和异常情况，并把它们通过编程植入模拟器中，并以此来挑战宇航员。宇航员和仿真技术团队都十分争强好胜，专注于"胜利"。对于仿真团队而言，"胜利"就是找到那些宇航员和控制员无法解决的难题，或者在"任务目标损失"（爆炸或者坠毁的一种委婉说法）前无法解决的问题。而对于宇航员和控制员而言，"胜利"则是把模拟器丢给他们的所有问题都解决掉，并且保证任务及时完成。

让模拟器尽可能模仿真实情况是非常重要的。不管什么时候，当一个飞行员被招募进宇航员队伍时，他肯定会感受到的惊喜之一，就是和他们在爱德华或者帕图森河用过的简陋胶合板黑盒子相比，太空飞行模拟器的复杂和真实程度有一个极大的飞跃。据迈克尔·柯林斯说，"约翰·杨首次看到指挥舱模拟器的时候，给模拟器起了个外号叫'大火车残骸'，以便凸显其庞大的外形和复杂的几何特征。那是一个非常巨大、浮夸的家伙，有一个铺着地毯的楼梯，通往离地面约 15 英尺高的驾驶舱入口。"[10]

模拟器由价值好几百万美元的巨大穿孔卡片式计算机运行，每周工作七天，每天 24 小时，由几百号人三班倒进行操作。除了会消耗巨大的人力和金钱之外，其实在早期的阿波罗项目当中，很多时候真实飞行要比用模拟器来复刻飞行更容易。[11]

最终，计算机工程师和技术员成功地解决了系统中的各种问题，使得仿真变得更可靠、更贴近真实情况。当博尔曼、洛威尔和安德斯开始对他们的月球轨道飞行任务进行模拟时，仿真程度已经非常高了，甚至包含了地球与月球之间三秒钟的延时。当"阿波罗8号"停留在月球轨道时，宇航员距离地球大概25万英里。当他们的无线电信号发射到地球时，信号会沿着地球反射传递，直到抵达休斯敦，因此从弗兰克·博尔曼说话到任务控制中心听到他的声音，中间会有三秒钟的延迟。从地球到月球的无线电信号也会遇到同样的问题。这意味着回答任何宇航员提出的问题，都涉及至少六秒钟的实际通信时延，还包括信号下传的三秒钟。对于任务控制中心而言，还要在这个时延的基础上，加上分析问题、寻找解决方案的时间，因此，任何需要迅速响应的情况都明显会遇到麻烦。为了充分对这个问题进行演习，模拟器中的通信部分设计了时间延迟电路，在宇航员与控制员之间仅有几百英尺距离的情况下，模拟地月通信的时延。

吉恩·克兰兹在遇到延迟和错误时会变得很沮丧，最终在某个时间点，他也对仿真系统的状态感到满意："（直到）60年代末的时候，我们的仿真技术水平已经十分高超，仿真训练变成了与实际任务密不可分的一部分，变成了实际任务的最终带妆彩排。仿真的精细程度已经渗透到最小的细节当中。"[12]

在宇航员需要进行的所有阿波罗飞行仿真测试当中，有动力的月球着陆是最关键的一个。在双子星座任务和早期阿波罗任务中，已经对大多数的交会对接机动进行了训练，但实际的月球着陆将是第一次。迪克·库斯曾在布里斯堡担任陆军导弹部队中士，现在是负责月球登陆仿真的 SimSup。他之所以能够被委以如此关键的任务，是因为他是地对空导弹电脑制导方面的专家。飞行仿真对

223

他而言是个新鲜事物，但是适应了角色后，他很快成为阿波罗项目中仿真工作的关键人物。据克兰兹说，迪克·库斯"就好像一个开膛手，他切得如此干净，以至于在他下手后很久你都不知道你在流血。库斯是一个很有价值的对手"。[13] 在一次特殊的训练中，库斯会向宇航员和任务控制中心抛出一个错误代码，这将成为太空史上的一个脚注。

随着"阿波罗11号"发射的临近，阿姆斯特朗和奥尔德林贪婪地占用着登月舱模拟器大部分的使用时间。即便如此，"阿波罗12号"的皮特·康拉德和艾伦·比恩作为下一个即将飞行的队伍，也得到了一些使用模拟器的时间。库斯和他的极客"扳手"团队决定，某一天要给康拉德和比恩搞一个他们肯定解决不了的难题。当模拟器显示宇航员会在一分钟之内进行月球着陆的时候，仿真团队向他们推送并显示了1202号错误代码。像他们预料的那样，康拉德、比恩和任务控制中心的人都没法解决这个难题。1202号错误代码鲜为人知，没有人经过相关的学习或者训练。康拉德和比恩放弃了着陆，迪克·库斯的仿真极客团队又赢得了一次"胜利"。

"阿波罗12号"宇航员团队和其他任何宇航员都没有遇到过1202号错误，但有一个例外。阿姆斯特朗和奥尔德林在他们降落月球的过程中经历了几次1202号报警（还有一次相似的1201号错误）。虽然仿真团队对他们成功难住了宇航员而感到骄傲，但是他们从未想到为"阿波罗11号"的宇航员进行1202号代码的仿真测试，而他们很快就会发现自己处于这一问题的瞄准镜中。

39A 发射台

1.2 万多家公司的 40 多万员工一起努力，才使得载人火箭登上月球达到合理可行的程度。在这 1.2 万多个有贡献的制造商中，有四个主要承包商：每个火箭子级都有一个主承包商，登月舱和指令服务舱也有。波音公司是第一级火箭的承包商，上面安装的五个 F-1 发动机是洛克达因公司提供的。第一级火箭在 NASA 位于新奥尔良的米丘德装配厂制造完成。第二级火箭在加利福尼亚的海豹滩由新组建的北美罗克韦尔公司组装完成。第三级火箭也是在加利福尼亚州制造的，它在萨克拉门托由麦克唐纳 - 道格拉斯公司组装完成。此外，北美罗克韦尔公司还是指令服务舱的主要承包商，而登月舱的主要承包商是格鲁曼。

在 NASA 将这五个主要部分组装成"土星 5 号"之前，首先需要把它们送到卡纳维拉尔角。最大的一块是第一级火箭。一条驳船先沿着密西西比河把它运到墨西哥湾，到了墨西哥湾后，驳船载着它绕过佛罗里达半岛，抵达卡纳维拉尔角的东海岸，再通过一条条特殊的运河抵达载具装配大楼。第二级火箭有着更加曲折的旅行路程。它首先从南加利福尼亚州由船运到巴拿马运河，然后北上经墨西哥湾抵达密西西比河。因为北美罗克韦尔公司没有办法为这一级火箭及其发动机进行全状态测试，所以火箭首先被送到了 NASA 的约翰·C. 斯坦尼斯测试中心（John C. Stennis Test Center），以便对整个火箭子级及其发动机进行整体系统测试。当测试表明它可以用于载人飞行后，被重新装回驳船，绕过佛罗里达抵达卡纳维拉尔角。比它们小得多的第三级火箭，其旅程也更加简单快速。由于双子星座项目开始持续升温，一个叫作约翰·"杰克"·康罗伊的前空军飞行员预见到了可装载大型货物的货运飞机的需求。他和飞机销售员李·曼斯多夫一起创立了航空航天线公司。这家公司的唯一目标是将波音 377 同温层飞机改装成大到足以为 NASA 装载火箭的货运飞机。公司位于加利福尼亚州的凡纽斯机场，这两个男人发现自己恰好在正确的时间位于正确的地点上，航空航天线公司随即开始将双子星座的"泰坦"火箭的第一子级和第二子级，从马丁公司在马里兰州的场地运到 NASA 在卡纳维拉尔角的发射综合设施。由于有着鼓鼓的外形，这架新飞机被戏称为"怀孕的孔雀鱼"。最终，这种改装后的波音飞机为了运输"土星"火箭的第三子级"S-IVB"，不得不变得更加庞大，因此又得到一个新绰号："超级孔雀鱼"。[1]

尽管长距离运输如此大而精细的货物固然有风险，"土星 5 号"所有部分最终都成功抵达了目的地，并没有发生意外。然后载具装配大楼庞大的技术员团队开始了他们的工作，勤勤恳恳地将这个复杂的机器一块一块地组装起来。

在 1969 年 7 月 16 日黎明前的黑暗中，即将把"阿波罗 11 号"发射升空，并使其在三天后有望登陆月球的"土星 5 号"火箭静静地屹立在发射台上。NASA 将这个发射台命名为 39A，"土星 5 号"将在这里离开地球开始它的旅程。事实上，卡纳维拉尔角的发射台当时已经非常多了，多到需要用"39A 发射台"这样的名字命名。这也从侧面反映了在短短的 11 年里，美国的太空项目已经取得了很多成就。最终，卡纳维拉尔角的发射台（后来更名为"发射综合设施"）数量将会超过 40 个，其中只有少数几个还会在几十年后继续使用。

在经历了一系列十分耗时且琐碎的准备工作后，尼尔·阿姆斯特朗、迈克尔·柯林斯和巴兹·奥尔德林跟着古特·温特走进了发射台的龙门架升降梯里。古特按下按钮，电梯开始稳定地朝着火箭顶端爬升。由于宇航员进入太空舱的空间很狭窄，古特在上升到四分之三处时，把奥尔德林留在了金属门廊处。奥尔德林站在那里看着升降梯载着尼尔和迈克尔又上了两层楼。巴兹在抵达"白房子"（宇航员进入阿波罗舱段之前做最终准备的地方）的时候可以听到里面"叮叮当当"的声音。他可以听到自己的靴子踩在舷梯上的声音，以及协助宇航员进入飞行座位的工作人员的说话声。又过了一阵，所有的声音都沉寂了。

当时天色依然很暗，但是一点点的晨光已经开始稍微照亮东边的天空，地平线和海面一样平。几个小时之后，那条地平线将变成圆的，因为他们上升得足够高，可以看到地球的曲率。因为位于更靠下的一层，巴兹从东往西扫了一眼，注意到有几万人散布在海滩上，等待着见证这一历史性的发射。游客们在那里整夜狂欢，他们点燃的篝火发出的光穿透了佛罗里达清晨的空气。现场人山人海。在火箭点火的时刻，约有100万人在场观看。那些人都看不见巴兹，因为他藏在许多钢梁的后面。但是通过钢结构的缝隙，巴兹可以看见他们。他回想着他人生中那些把他最终导向当前时刻的一系列事件。他是从几十亿人中选出来的三个人之一，也是两个能够得到首次登月荣耀的人之一。是的，这是一种荣耀，但也是一种令人担惊受怕的荣耀。

"怪兽苏醒"

我们即将创造历史。

——吉恩·克兰兹

定会实现。

——沃纳·冯·布劳恩在发射前的祈祷

"阿波罗11号"定于1969年7月16日发射。在发射的两周前，沃纳·冯·布劳恩需要缓解一下多年积累的压力，带着他的家人去希腊的岛屿游览了一番，²并在经停德尔菲时，参观了阿波罗的神殿。这次旅行除了缓解工作压力之外，还有其他意义。冯·布劳恩当时正因失去一位好朋友而感到沮丧，这位好友是他的德国老乡，太空题材作家威利·雷，他三周前死于心脏病。雷的科学题材作品，尤其是在载人太空旅行方面，和冯·布劳恩做的贡献一样多，激发了美国人和全世界人民的想象力。人类飞向月球是他最具想象力的故事题材之一。现在雷不在人世了，没法看到他近 30 年工作的高光时刻。

冯·布劳恩回到汉茨维尔，并且在 7 月 13 日与玛丽亚一起飞往卡纳维拉尔角，入住了可可海滩的假日酒店。在接下来的三天中，他要和很多重要人物、政府官员、来访的外国高官和媒体进行持续的会面。

在发射前夜，沃纳在泰特斯维尔乡村俱乐部举行的时代生活庆典上担任主讲人。由于 100 万人来到卡纳维拉尔角观看发射，交通状况十分糟糕，NASA 不得不用直升机将冯·布劳恩送到活动现场。在那天晚上的鸡尾酒会上，他遇见了偶尔写写太空题材作品的剧作家诺曼·梅尔。当他们一起讨论阿波罗项目的未来时，冯·布劳恩坦诚地表达了他的恐惧，害怕首次载人登月后美国政府可能取消太空计划。梅尔对他说："你在开玩笑吗？到时候你会得到你想要的一切。"然而，冯·布劳恩并没有相信他的话。水星项目之后有下一代的双子星座项目，双子星座项目之后又有下一代的阿波罗项目。但是阿波罗项目之后是什么呢？一年以来他一直在对 NASA 施加压力，让他们制订能够被纳税人和华盛顿认可的后阿波罗计划。他告诉 NASA："现在还没有可以让登月拥有实际意义的项目计划。"[3] 他的理想主义再一次受到挫败：NASA 并没有月球永久基地或者去火星的计划，而这些都是他毕生的热情。

那天晚上沃纳没有睡好，并最终不再尝试入睡。他在凌晨四点来到了发射控制中心。那天是 7 月 16 日，发射时间安排在了上午 9 时 32 分。沃纳坐在了给他安排的任务管理员那排座位上，戴上了耳机，低下头，开始祈祷。[4]

在得克萨斯州，吉恩·克兰兹在凌晨四点半醒来。夜里没有电话打过来，这说明在卡纳维拉尔角的一切进展顺利。他洗了澡，刮了胡子，妻子玛尔塔给他弄了一大盒午餐便当。他穿好衣服，打起精神。一切准备妥当后，他亲吻了玛尔塔，告别后跳进了他的车里，前往任务控制中心。

抵达任务控制中心后，吉恩从正在值班的黑队那里接了班。控制员已经为"土星 5 号"的历史性发射准备了 12 个小时。虽然所有事情看起来都很正常，但是气氛仍然紧张而激动。克里斯·克拉夫特十分信任吉恩的白队，让他们既负责"阿波罗 11 号"的发射任务，又负责三天之后的登月舱登陆任务。负责登月任务是吉恩梦寐以求的。所有的梦想、计划、设计、努力、资金、建设、测试、失败和成功，这一切都是为了这一时刻、这次发射以及接下来几天的任务。像冯·布劳恩一样，吉恩·克兰兹也安静地说了一句祷告。[5]

倒计时在没有明显障碍的情况下进行着，整个过程像最严苛的任务控制员期望的那样完美无瑕。当飞行控制员主管克里夫·查尔斯沃斯宣布在发射前 T 减 9 分钟（T-minus nine minutes）的时间点他将会锁上任务控制中心的门，一群控制员冲了出去，抓住他们最后上厕所的机会。

在指挥舱内，驾驶员迈克尔·柯林斯坐在右边的座位，尼尔·阿姆斯特朗坐在左边，巴兹·奥尔德林坐在中间。在柯林斯的著作《传播火种》中，他用一种不那么激动人心的方式描述了这次发射："因为这个怪兽开始苏醒，我的肾上腺素也开始飙升了。在离地前九秒钟，五个巨大的第一级火箭发动机从容地点火，它们的推力有条不紊地达到最大值，牵制夹板在零时刻松开，我们起飞了！"[6]

"阿波罗11号"最终的倒计时和发射如此完美，在吉恩·克兰兹的《失败不可接受》里，他只用了一句话来描述："发射完美无瑕，就如在美好的一天里进行的又一次仿真一样。"[7]

在最下面一个子级的火箭燃料用完时，柯林斯喊道："脱离！"在休斯敦，任务控制员现在必须对入轨做出"通过/不通过"的决定。发射的飞行动态指挥员戴夫·里德（Dave Reed）接收到战壕里控制员的快速回复，所有人的结果完全一致：入轨决定通过。于是里德宣布："通过，飞吧，我们继续！"

指挥服务舱和三名宇航员进入了地球轨道。

发射刚刚结束，沃纳·冯·布劳恩和玛莎一起，开始会见老友，度过了两天放松的日子。然后他飞抵休斯敦，让自己在登月的时候能够出现在现场。

月球轨道入射，月球轨道滑行和月球轨道进入

巴兹今天似乎心情不佳。

——迈克尔·柯林斯在 TLI 发动机点火前的想法

咻！

——尼尔·阿姆斯特朗对开始 TLI 的反应

接下来需要克服三个主要的导航困难，第一个是月球轨道入射（TLI），即太空飞船开启它的发动机，脱离地球轨道向月球飞去；下一个是月球轨道滑行（TLC），在这个阶段宇航员像牛顿运动学第一定律定义的那样，只凭借惯性无动力地飞向月球；当他们到达月球的时候，宇航员需要跨越第三个障碍：月球轨道进入（LOI），即点燃发动机，通过反方向的推力，使自己减速至一定的速度并到达一定的位置，在那里月球引力可以将其俘获到月球轨道上。

"阿波罗11号"的任务时间表安排得很紧凑，需要在发射后仅三小时就开始 TLI 阶段的发动机点火。作为指挥舱的驾驶员，这是迈克尔·柯林斯的职责。点火将在太平洋上空的某个区域进行，

在这一区域，任务控制中心收到的来自太空飞船的无线电信号经常中断。NASA 不希望错过 TLI 的任何时刻，所以安排了几架喷气式飞机在太平洋上空绕圈飞行，用来转发"阿波罗 11 号"传到休斯敦的信号。奥尔德林回忆，"在旅程开始的三小时之后，迈克尔为 TLI 点燃了'土星 5 号'的第三级火箭发动机，发动机的推力将我们推出地球轨道。点火进行得十分顺利。"[8]

当持续 5 分 55 秒的 TLI 发动机工作时间结束时，"阿波罗 11 号"就进入了月球轨道滑行的过程。在接下来的几天内，主要的飞行工作都靠飞船的惯性来完成。为了不浪费时间，宇航员们在这时交换了座位，让柯林斯坐在了左边的位置上，方便控制指挥服务舱与"土星 5 号"第三级火箭分离，也可以控制登月舱离开其第三子级的空腔处。

在登月舱对接和取出的过程中，指挥服务舱经历了一次意外的小故障。当柯林斯尝试将指挥服务舱掉头，以便接近"土星 5 号"的第三子级时，计算机拒绝完整地执行一条之前编写好的指令，使得柯林斯只能一次又一次地发送那条指令。他最终还是成功地将指挥服务舱与登月舱对齐了，但是此次机动所消耗的燃料比预计多出了 60%。[9]

当登月舱从第三子级火箭中被拽出来后，柯林斯驾驶两个对接好的飞船，使其与上层子级火箭拉开一个安全距离，然后任务控制中心发送了一条命令，将这一火箭子级送入一条无害的太阳轨道。

宇航员们松了口气，脱掉了他们的宇航服，然后开始吃午餐。

当时卡纳维拉尔角时间正是下午两点。

在"阿波罗8号"任务开始前的几个月，迈克尔·柯林斯五岁大的儿子问他，驾驶飞船的人是谁。柯林斯不是很确定，就让太空舱通信员把问题转给宇航员。比尔·安德斯回答道："是艾萨克·牛顿在驾驶。"如果不是牛顿把惯性和运动定律描述清楚，月球旅行显然是不可能的。随着"阿波罗11号"向月球惯性滑行，月球的引力对抗着越来越小的地球引力，他们最终会到达月球引力与地球引力相等的某个点，在太空中这个点被称为"等引力带"。当过了这一点之后，去往月球的路程就变成了"下坡路"。柯林斯曾在"阿波罗8号"任务中担任太空舱通信员，那次任务是人类历史上第一次进入月球引力的范围。他当时给指挥官博尔曼发送了一条简单的消息，以纪念这一特殊的时刻："欢迎来到月球区域。"[10]

现在，"阿波罗11号"飞过了等引力带，两个对接起来的飞船开始加速。从3000英尺／秒的速度开始，"阿波罗11号"将会加速到将近8000英尺／秒，直到服务舱推进系统开始进行反推，使其减速。月球轨道进入所需要的目标速度是2917英尺／秒。在指挥服务舱内，三名宇航员都在为发动机点火进行准备。实际上LOI需要进行两次发动机点火，第一次会让他们进入一个宽大的椭圆轨道，第二次则是将轨道改成圆形。他们最终到达了指定轨道的高度和速度，误差只有0.1英尺／秒，这令他们自己都感到惊奇。他们接下来的对话充满了兴高采烈的情绪。

阿姆斯特朗："这是一次漂亮的点火。"

奥尔德林："看看这：远月点为 169.6 海里，近月点为 60.9 海里。"

柯林斯："漂亮，漂亮，漂亮，漂亮。"[11]

一小会儿后，宇航员们开始了第二次 LOI 点火，使飞船进入高度 60 英里的圆形轨道。随着他们一边靠近一边围绕这个灰色球体飞行，宇航员现在可以看到神秘的月球远端，事后柯林斯将其形容为"一堆饱经沧桑的山丘，被 50 亿年的陨石撞击成一个又一个坑"。[12] 在回到月球对着地球的那面后，他们就可以开始检查静海中他们想要着陆的地方了。

当指挥服务舱在 60 英里高的轨道无动力滑行时，宇航员服从时间表中的计划：睡八个小时。在吃过早餐后，尼尔和巴兹将穿好衣服，在登月舱里为在月球降落做准备。到目前为止，所有事情都进展得比预期还要顺利。

错误代码 1202

尼尔·阿姆斯特朗从不大声说话。他总是蓄势待发，将能量用在需要的时候。

——吉恩·克兰兹

尼尔·阿姆斯特朗是这艘飞船上的沙皇。

——《真理报》

任务控制中心的电梯有一个奇怪的特性，偶尔会在两个楼层中间卡住。这个故障在 1969 年 7 月 20 日之前一直没修好。当吉恩·克兰兹在登月的这天早上抵达并走入任务控制中心大楼时，他决定不要去碰运气，爬楼梯走到了控制室。"今天不是一个被困在电梯里的好日子。"他说道。[13]

他在走廊里与送祝福的人们擦肩而过。有的人会拍拍他的后背，有的人会跟他说"祝你好运"。克兰兹是一个有思想的人，他很清楚是怎样一系列不寻常的、预料不到的事件把他带领进了这个历史性的时刻。"每一次走进任务控制中心，我都会有相同的感觉。这是个每天都会创造历史的地方。控制中心是我们探索者的大本营。当我继续在走廊里往前走时，我又有了平常的那种模糊的感觉：我的整个人生被一种比我更强大的力量以某种方式塑造，这股力量此刻将我带到了这里。"[14]

在探月历史上有一件事鲜有报道：在阿姆斯特朗、奥尔德林和柯林斯开始绕月飞行的时候，月球轨道上其实是有其他飞行器的。就在他们到达前不久，一个苏联探测器"月球 15 号"刚刚进入月球轨道，准备在月球表面降落。它的发射比"土星 5 号"和"阿波罗 11 号"在卡纳维拉尔角的发射早三天，似乎是想抢一抢美国探月项目的风头。幸运的是，苏联人与 NASA 合作，并且向它通报了探测器计划的飞行航迹，以避免发生灾难性的碰撞。

24 万英里之外，在登月舱里的阿姆斯特朗和奥尔德林无暇顾及月球天空范围内的交通状况。现在他们全副武装，穿着有 21 层材质的舱外行走宇航服。当他们在月球上行走时，也会穿着这件衣服。然后他们把氧气软管与登月舱中的呼吸源连接起来，并戴上了头盔。在接下来的一小时内，将由柯林斯负责在两个飞船分离前完成一长串的检查工作。阿姆斯特朗和奥尔德林只能等待。

在指挥服务舱内，柯林斯关闭了舱门，断开了电路脐带线。"阿波罗 11 号"马上就要分成两艘独立的飞船，在接下来的无线电交流中，分别被官方称为"哥伦比亚"（指挥舱）和"老鹰"（登月舱）。孤身一人在指挥舱内，没有人可以对他的工作进行检查，此次任务的进展现在依赖于这个单独个体的能力了。在他的检查清单中，有一项是在某扇舷窗安装一个摄像机，来记录飞船分离的过程。柯林斯觉得他太忙了，把这一项从清单上画掉了。

"分离过程不会在电视上展示……我得忙于其他事情。"他这样通知任务控制中心。

"我们同意。"太空舱通信员回答道。

柯林斯和登月舱船员之间通过无线电信号聊了几分钟，有的内容轻松活泼。最终，一切准备就绪。此时"阿波罗 11 号"飞到了月球远端，与任务控制中心的无线电信号中断了。在飞到对着地球那一面之前，吉恩·克兰兹及其团队都不会知道整个分离过程是否顺利。[15]

当柯林斯准备好开始分离时，给了他的队友们这样一条欢快的指示："两只小猫在月球表面上要乖一些。如果我听说你们在上面瞎搞，我就要开始凶你们了。"

"好的，迈克尔。"

柯林斯把连接登月舱与指挥舱的通道内的剩余空气排走，然后他扳动了控制分离的开关，一艘飞船就变成了两艘。虽然柯林斯已经把通道内的空气放掉了，但是残存的少量空气还是把两艘飞船都推了一下，使其分离的速度比预计的稍快一些。虽然推力小，但这出乎意料的推力将改变登月舱的航迹，足以使其偏离预设航线几英里远。

正如柯林斯望向窗外看到的那样，"老鹰"慢慢地从其母舰离开。[16]当二者有了一定安全距离后，阿姆斯特朗点燃了片刻转向推进器，使得登月舱机动至飞行姿态。他随后扳了一下开关，引爆了一系列爆炸螺栓，释放了登月舱四个弹簧支撑的登陆架。现在有一个只能靠柯林斯才能完成的任务：对登月舱进行视检。如果不能明确知道四条支架都已经伸出并锁定到了适于登陆的姿态，任务就不能往下进行。阿姆斯特朗旋转登月舱，以便柯林斯可以360度观察。他检查后向队友反馈："我觉得你们有个目前看上去很不错的飞行器，'老鹰'，除了你现在大头朝下之外。"[17]

在月球表面上空60英里处，两艘飞船以大概4000英里/小时的速度无动力编队飞行。很快，他们沿着轨道飞到了面向地球那侧，与控制中心的无线电信号很快再次连接上了。他们的太空舱通信员查理·杜克（Charlie Duke）自然十分好奇分离工作进展如何。

"看起来怎么样啊，尼尔？"

阿姆斯特朗回应道："'老鹰'有翅膀了！"

这不是登月舱第一次离开母舰独立飞行，"阿波罗 10 号"已经完成过这一任务。但是现在历史性的时刻来到了：下降并在月球表面着陆。吉恩·克兰兹在屋里走了一圈，从每个控制员那里收集报告。当所有人都报告"通过"时，他给了杜克进行下一步的绿灯："你去 DOI 吧。"

DOI 的意思是"降落轨道切入"（Descent Orbit Insertion），它包含一系列可以让登月舱减速、让月球引力将其拉近至表面的动作。DOI 过程的第一个机动是阿姆斯特朗调整登月舱的姿态，使其发动机喷口朝着前方，即朝向他们飞行的方向。当发动机点火时，它就变成了一个减速火箭，使他们的速度下降。跟登月舱分离过程一样，由简单的数学计算得出的航迹要求此次机动过程在月球远端、无法接收地面信号的地方进行。在计算好的指定时间点上，下降发动机精确地工作了 28.5 秒。到现在为止，飞船上的导航电脑完成了飞船驾驶的所有工作。在登月舱上已经看不见指挥舱了，它在他们上方很高的轨道上。阿姆斯特朗和奥尔德林的仪表显示他们已经下降到了 5.5 万英尺的高度，这与"阿波罗 10 号"登月舱返回指挥服务舱前到达的高度相同。在这里，任务还可以安全地放弃，如果需要，他们还可以返回指挥服务舱。现在必须再进行一个"通过/不通过"的决定：他们应该尝试着陆吗？这一步被称为"动力下降计划"（Powered Descent Initiative，PDI），它将使登月舱再次点燃减速发动机，以便离开当前轨道，将其速度降至接近于零，然后降落到月球表面。在地面上的克兰兹再一次轮询了控制员。再一次，他们都说"通过"。

随着登月舱机动至下降位置，它的姿态也发生了变化，因此其天线并不是直接指向地球的，所以查理·杜克通过在"哥伦比亚"的柯林斯向"老鹰"转发了这一决定。"你们开始动力下降吧。"杜克宣布。

杜克还向阿姆斯特朗建议微微调整一下登月舱的角度，以便让天线有一个更好的位置。这个建议成功地使通信和遥测链路得到了改善。当开始收到遥测信息时，任务导引操作员史蒂夫·贝尔斯（Steve Bales）开始注意到有些东西不太对。登月舱速度太快了，而且并不在正确的位置上。

"飞控员，"贝尔斯报告说，"我们现在径向速度不对；我们现在离取消任务的极限情况还有一半的余量。我不知道什么导致了这种情况，但我会继续注意这个情况。"进一步的计算表明，登月舱将会降落在离预设目标点三公里远的地方，那里有很多的石头和环形山，之前在仿真中没有对这一区域进行过细致的研究，也没有对其做过相应的预案。对于一个精度需要计算到英寸和毫秒的飞行而言，这是一个很大的误差。之后任务控制中心发现，连接通道中那些少量剩余的气体导致分离时给了登月舱额外的推力，使得飞船的速度和轨迹偏离了设计值。[18]

在下午 4 时 5 分，"老鹰"的电脑点燃了下降发动机，着陆前的最后一步开始了。此时登月舱里的氛围很专业，但是有些紧张：他们将尝试人类历史上首次登陆月球。在电脑操控登月舱接近月球表面时，阿姆斯特朗小心且稳定地复核了电脑的工作。奥尔德林的眼睛一直盯着仪表盘，尤其是读数正在稳定下降的高度计。4 万英尺……3.8 万英尺……3.6 万英尺……他继续时不时地把读数念出来。

通过登月舱朝下的窗户，阿姆斯特朗和奥尔德林可以认出一些地标，这些地标与当时应该看到的地标不相符。就是在这时，他们意识到他们的位置比预计着陆的位置远了一些。

"我们的位置检查结果表明我们有点飞过了。"阿姆斯特朗报告说。

史蒂夫·贝尔斯告诉他们他已经知道的情况。"我们可以确认这一点。"

阿姆斯特朗和奥尔德林之间的责任划分在几个月之前就已经明确，并且非常清晰。虽然奥尔德林官方的头衔是登月舱驾驶员，但是从脱离"哥伦比亚"开始，直到在月球上着陆，驾驶登月舱其实都是指挥官阿姆斯特朗的职责。虽然阿姆斯特朗是实际的驾驶员，但奥尔德林受过紧急情况下进行接管的相关训练。奥尔德林的工作是时刻观察登月舱的各种计量器和读数，并将与下降着陆相关的信息读给阿姆斯特朗，比如姿态、速度和高度。有了奥尔德林的读数，阿姆斯特朗就可以不用看那些仪表盘，而专注于那项马上就要成为史上难度最大的驾驶任务。

有太多需要思考的东西，太多需要注意的东西，太多需要做对的机动操作，太多需要回想起的训练。然后，当登月舱下降到3.4万英尺以下时，舱内的安静被主报警器打断。那声音很大、很急迫，不可能听错。在这个关键时刻，这两个人最不希望遇到的事就是注意力被打断，但是现在一件重大的、让人分心的事突然出现在他们面前。登月舱的系统检测到了一个很大的问题。

以如今的标准来看，当时登月舱的电脑实在太古老了，输出的信息都不是英文句子，而是四位代码。控制面板当时显示的就是一个四位代码：1202。[19]

"1202。"阿姆斯特朗将显示的数字读了出来。

"1202。"奥尔德林重复道。

另一件没有意料到的事情使这两人面临的难题进一步加剧：在他们广泛的、详尽的训练体系中，谁都没有处理过这个错误代码。1202到底是什么？他俩谁都摸不着头脑。

在任务控制中心，大家都十分清醒。所有人，甚至那些当时不值班的人，都聚集在一起，观看这一历史性的时刻。NASA所有领导和管理者，还有包括约翰·格林在内的宇航员都在那儿。屋里只有站的地方。现在，屋里发生了戏剧性的一幕：响起了紧急警报，并伴随着一个需要马上关注并解决的错误代码，但是没有任何一个地面人员能认出这个代码代表什么。NASA任务控制中心平静、不慌乱的好名声和好印象，现在受到了前所未有的挑战。大家面面相觑，想要找到解决方法，但是他们看到的都是他人迷惑的表情，好像在说："现在怎么办？"

　　史蒂夫·贝尔斯出生于爱荷华州的一个小镇，父亲是位清洁工，母亲是位美容师。13 岁时，他开始看《迪士尼奇妙世界》，知道了沃纳·冯·布劳恩和他关于人类天空旅行的闪耀预言。在看了几集之后，史蒂夫找到了他毕生要追求的事业。高中毕业后，他加入了爱荷华州立大学的航空工程项目，四年后毕业并拿到了学士学位。他在 1964 年 12 月被 NASA 聘用。

　　NASA 将他任命为飞行控制员，并负责飞行动态。他的工作是时刻知晓太空中飞船的确切位置，这是一个很关键的岗位。这项工作的重要内容之一是监测飞船的引导系统。他曾在早期的两个双子星座任务中担任替补控制员，并在"双子星 10 号"任务中担任正式控制员。在阿波罗任务中，他继续担任了飞行控制员。

　　"阿波罗 11 号"让他载入史册。

　　像其他飞行控制员一样，贝尔斯在一些特定的情形下具有判断"通过 / 不通过"的决定权。他在"阿波罗 11 号"的任务中，被任命为导航操作员（guidance operator），这个职位被古怪地缩写为GUIDO。作为此次任务负责着陆过程的导航操作员，他是那栋楼里几位最重要的任务控制员之一。当监测登月舱下降过程时，他注意到登月舱的速度大约为 20 英尺 / 秒，而这太快了，如果不进行纠正，可能会产生致命的后果。正当他仔细思考如何响应这个问题（继续执行任务还是中断）的时候，1202号警报出现在了他的屏幕上，同时也传到了他的耳机里。

通信信号中传来了尼尔·阿姆斯特朗的声音，他还保持着惯常的、像空调吹出来的风一样冷静的状态。他的请求非常直接且专业："告诉我们1202号警报是什么意思。"所有人的目光都转向了史蒂夫·贝尔斯。

但现在的问题是，就连贝尔斯也不知道"1202号代码"是什么意思，或者至少他没想起来。

站在工作站的吉恩·克兰兹等待着他的团队给他提供建议。日后克兰兹在描述这一瞬间时写道，这个警报"使人迟疑不定且分心，而这两项都是驾驶员最致命的敌人"。[20]

在贝尔斯的支持团队里面有一位24岁的电脑专家杰克·格尔曼（Jack German）。他来自伊利诺伊州，毕业于密歇根大学，随后进入NASA工作。他在机载计算机方面感受到了使命的召唤，并且最终与麻省理工学院合作，设计并测试了阿波罗的飞行导航计算机。在对飞船上的计算机系统进行仿真测试的过程中，吉恩·克兰兹让格尔曼写一张清单，列出所有可能出现的错误代码和应对措施。格尔曼将那张清单放在了他桌子上的一块树脂玻璃下面。当从飞船传来机载计算机产生的1202号错误代码时，格尔曼马上就知道了它是什么，以及应该怎么解决。他知道，1202号错误代码意味着登月舱的计算机超负荷工作，计算需求超出了它的计算能力。

格尔曼已经把答案准备好了：任务继续。只要 1202 号错误不是持续的，就没有理由放弃任务。他将这些信息和决策传达到贝尔斯那里，贝尔斯又转告给克兰兹，克兰兹转告给太空舱通信员查理·杜克，杜克再转告给两位宇航员。这是对克拉夫特和克兰兹建立的令人惊艳的管理程序的一次测试，它使得整个 1202 事件从发现到解决总共只用了不到 20 秒的时间。

在接下来的五分钟里，登月舱继续从警报开始响起时的 3.35 万英尺，下降到了离月球表面非常近的 3000 英尺。在这个过程中，1202 号警报又响了几次，每次警报响起时，格尔曼和贝尔斯都坚持着陆任务仍旧继续。奥尔德林和阿姆斯特朗现在已经离月球表面非常近，可以用肉眼观察地形来寻找一块合适的地方着陆。

然后一个新的警报响起了。

"程序报警！"奥尔德林说，"1201。"随着月球很快往上飞了过来，肾上腺素也在飙升，他们声音中的冷静也慢慢消失。不论是在登月舱内，还是在任务控制中心里面，他们都为这个警报和这个让人分心的危险事件感到沮丧。当格尔曼听到了"1201"时，他立刻通知贝尔斯 1201 是"同样类型的警报"，登月任务状态仍然"继续"。

"阿波罗 10 号"的一个重要任务就是为"阿波罗 11 号"的登陆地点拍照。作为"阿波罗 11 号"宇航员训练的一部分，阿姆斯特朗和奥尔德林仔细看了这些照片，记住了所有显著的月球表面沟纹、山坡、环形山和巨石。这些影像本可以作为他们接近着陆地点时的地标参考。现在 1202 号和 1201 号警报消耗了他们太多时间和注意力，以至于两人都无暇观察月球表面的地标。[21] 当他们意识到这个报警不是很严重，甚至可以完全忽略的时候，已经错过了下方大多数的重要地标。

在指挥服务舱与登月舱分离的时候，登月舱的推进燃料箱里精确地装着可以工作整整 20 分钟的燃料和氧化剂，理论上来讲足以让他们降落到月球表面，降落后还将剩下大约工作 90 秒钟的燃料。假定宇航员在寻找一个安全的、没有石头和陨石坑的着陆地点时，可能会多花一点时间，因此留出了这些多余的燃料。在数百次的着陆仿真中，有很多都包含了这种机动造成的时间延误，但在所有仿真中，到这个时刻都应已经着陆成功了。但现在他们还在月球表面上空 700 英尺的地方飞着。1202 号警报这个分散注意力的事件消耗了不少时间，随着已经超负荷运转的计算机内存需要更多的空间，这个警报响得更加频繁了。登月舱的燃料快要耗尽了。

任务控制员罗伯特·卡尔顿（Robert Carlton）毕业于奥本大学，拥有机械工程学位。像许多 NASA 的工作人员一样，他从大学一毕业就加入了 NASA。他被分配到了双子星座项目中，在那里他不得不在实践中学习。当时的双子星座任务是如此急迫，他们都没有时间来学习即将到来的阿波罗项目的相关设计。据卡尔顿回忆，当时所有的控制员都必须去"墙上的一张图片"那里，看看"土星 5 号"长什么样。[22]

卡尔顿一路升职，在执行"阿波罗 11 号"任务时，他已经在飞行控制室占据一张非常重要的桌子了，这个位置被称为"登月舱控制"。他的职责是监测登月舱内燃料和氧化剂的消耗情况。现在，随着宇航员不断下降，飞到了低于 100 英尺的高度，卡尔顿的控制面板上显示了一个他本不应该看到的警告，这迫使他给出了一个本不应由他给出的声明："（燃料剩余燃烧时长）60 秒！"他对他的麦克风说道，但即便没有麦克风，所有人也可以听到。

到这个时间点，登月舱下降过程中已经使用了比预期多很多的推进剂。在地球上进行的仿真模拟当中，宇航员训练过在登月舱燃料用尽的情况下应该怎么办，所有的仿真都指向放弃任务。现在，当卡尔顿盯着数据的时候，他意识到世界上第一次载人登月行动可能真的会失败。[23] 卡尔顿的消息传到了查理·杜克那里，然后又由他传到了宇航员处。吉恩·克兰兹后来写道："我做梦也想不到，我们在燃料箱如此空的情况下，竟然还在飞。"[24]

事后的分析表明，登月舱计算机出现 1202 超负荷报警是由于奥尔德林决定在下降过程中，让交会用的雷达一直保持开启状态。这让他当时感觉更好，但并不在规定的操作程序之内。这产生了许多不必要的多余信息，使计算机过载。

月球签名

每个任务都有一系列小创伤。

> ——罗伯特·卡尔顿
> 任务控制工程师

我在寻找降落位置的时候，改变了好几次主意。

——尼尔·阿姆斯特朗

"这片区域的石头真多。"阿姆斯特朗在扫视前方的月球表面时说道。

"高度 600 英尺，下降速度 19。"

飞行员间有一句古老的格言：如果感到不确定，就飞久一点再降落。他们就打算这么干。NASA 已经给登月舱的导航计算机编好了程序，让它降落在一个事先设定好的地点。从之前月球探测器的探测结果和"阿波罗 10 号"宇航员托马斯·斯塔福德拍摄的照片中，都可以看出那似乎是一个理想的降落地点。但现在，他们离月球表面只有几百英尺高，各种之前没有预见到的大石头和陨石坑映入眼帘。奥尔德林抬眼大致看了一下阿姆斯特朗看到的东西。他意识到，导航计算机正带领他们朝着一块很难安全降落的地区前进。事后他描述了接下来发生的事情。

尼尔做出了决定。"我要……"他已经不用再往下说了。我知道尼尔要手动接管"老鹰"的控制。这也是一件好事，因为计算机正在把我们带到一个布满大石头的地方，中间围着一个 40 英尺宽的陨石坑。尼尔马上做了一个决定，飞久一点，飞到比原定位置更远一些的地方，寻找一片安全的降落区域。[25]

"好的，高度 400 英尺，下降速度 9。"奥尔德林觉得现在可以将前向速度也读出来。"前向速度 58。"[26]

"没有问题。"阿姆斯特朗说。

但是奥尔德林感到有问题，事实上，还不止一个。他能看出来驾驶员正在挣扎着寻找一个可让飞船降落的安全地点，而他们的推进剂油箱快空了。好像读到了他脑海里的想法一样，阿姆斯特朗问道：

"还有多少燃料？"

"8%。"差不多快没了。

"好的。这里有一块……看起来像是一块好地方。"

望向窗外，奥尔德林可以看到月球表面上登月舱的影子。他们已经很接近月球表面了。

然后又出现了一个问题。

"高度 250。高度—速度指示灯。"这是登月舱里的行话，这意味着他们没能接收到正确的雷达数据，相关的报警指示灯亮了。整个着陆过程越来越朝着"临场发挥"的方向发展了。

然后，阿姆斯特朗看到了一片平坦、没有巨石的可着陆的区域。"最后我们终于找到了一块地方，这地方的一侧被许多挺大的陨石坑包围，另一侧则被一些布满石块的地方环绕。那不是一块很大的地方，大概只有几百平方英尺，跟一块大一点的住宅地基差不多。"[27]

"需要正好飞到那个陨石坑上。"

"高度 200 英尺，下降速度 4.5。"

"我找到了一块好地方。"

阿姆斯特朗终于找到了一片合适的登陆区域，但这并不意味着他们有足够的燃料到达那里。他们正以极快的速度接近宇航员常说的"bingo fuel call"，意思是燃料已经少到将导致必须放弃任务的地步了，这时将启动上升发动机，迫使登月舱返回迈克尔·柯林斯的指挥服务舱。[28] 奥尔德林根本不用费心提醒驾驶员关注这个问题，他知道阿姆斯特朗对此非常清楚。他用了另外一种方法："我当时不想说任何可能影响他注意力的话，我使用了肢体语言，在穿着太空服的状态下，尽可能地通过动作表达：尼尔，快点降落吧！"[29]

在任务控制中心，作为太空舱通信员的查理·杜克正在查看仪表，仪表上显示的测量值与奥尔德林看到的一样。杜克意识到时间快不够了，然后冷静地向他们发送了一个用时间作为计量方式的剩余燃料信息，对他们进行提醒。

"高度 100，下降速度 3.5，前向速度 9。"宇航员回应道。

登月舱正在为准备接触月球表面而降低下降速度，在下降到 75 英尺的高度时，克兰兹在脑海里进行着计算。宇航员正在以 2.5 英尺／秒的速度下降，这将会需要至少 30 秒的燃料支持。克兰兹命令，除了卡尔顿的燃料报数，其他所有的人都不要说话。当任务控制中心变得像墓地一样安静的时候，登月舱里也没人出声了，两名宇航员都太忙，顾不上说话。过了一会儿，传来了奥尔德林的声音："40 英尺……开始激起一些尘土了……30 英尺……看到影子了。"

时钟在无情地向前走着，卡尔顿宣布："（燃料剩余燃烧时长）30 秒。"杜克将这个信息转告给了宇航员。

通常情况下，宇航员会对这些信息更新心怀感激，但是现在时间如此紧迫，这种信息更新只会让两个注意力高度集中的人分心。奥尔德林又很快瞥了一眼窗外，看见了一个着陆支脚的影子，支脚正在往月球表面上靠。

来自卡尔顿的声音："15 秒……"

奥尔德林随即宣布了所有人都在等待的消息："接触指示灯亮了。"事后他回忆，"尼尔和我用一种解脱的、带有巨大满足感的眼神看了对方一眼。登月舱温和地着陆了，我们也停止移动了。在飞了四天多之后，突然的静止让人感觉很奇怪。"[30]

"关机。"阿姆斯特朗说着，宣布下降发动机关闭了。

"好的，发动机已停机。"奥尔德林确认道。

如果是其他人，此时可能早已被强烈的情绪占据，但是阿姆斯特朗和奥尔德林将其抛在脑后，迅速投入任务当中，开始了飞行后的逐项检查。

"高度控制组件离开有效位置。"奥尔德林说道。这是为了提醒驾驶员把姿态控制组件（也就是阿姆斯特朗刚刚手动降落的时候用的操控杆）从手动控制模式移开，使其回到自动模式，为之后的起飞做好准备。

"离开有效位置，进入自动模式了。"阿姆斯特朗回应道。

当他们继续进行逐项检查的时候，地球上所有的人都在想到底发生了什么。似乎"老鹰"已经安全着陆了，但是怎么没有发布历史性的正式声明，也没有欢呼？像橄榄球场一样的喧闹在哪里？卡尔顿根据仪表台显示的内容向上进行了汇报："飞控员，他们那边已经关机了。"[31] 这要么是着陆了，要么是出现了重大故障。到底是哪种情况呢？

在登月舱里，查理·杜克的声音通过无线电传了过来，提醒宇航员任务控制中心的所有人都在等着他们说话。

"我们收到了你们已经降落的信息了，'老鹰'。"这既像是一个陈述句，也像是一个问句。

阿姆斯特朗停下了手头的检查工作，回应道：

"休斯敦，我们当前在静海。'老鹰'已经着陆。"[32]

现在，任务控制中心的工程师们站了起来，开始鼓掌、欢呼，橄榄球场上的那种喧嚣出现了。付出了如此多的工作和努力，现在终于有成果了。杜克告诉阿姆斯特朗这个悬念和期待是多么折磨人。

"你们快把人们的脸都吓紫了。现在我们又能喘气了。"[33]

吉恩·克兰兹也想加入欢呼的人群，但是他知道还有许多事情迫切需要他的注意力，其中就包括停留还是不停留的决定。但是在那个时刻，他激动得无法说话，无法思考。

尼尔的声音传来，请求安静并给他一些时间："告诉你们一下，我们现在要忙一阵子。"[34] "忙" 是因为他们有一系列疯狂的任务和决定要完成。如果登月舱出现一些故障迫使他们离开，那么他们只有两个十分紧凑的时间窗口来进行紧急起飞，并将他们的飞船带到指挥服务舱的会合范围之内。这两个时间点分别是着陆后的第三分钟和第 12 分钟，所以在最开始的三分钟内，他们需要进行许多设备和状态的检查。任务控制中心和登月舱的宇航员都可以做出 "不停留" 的决定，而 "停留" 的决定需要由任务控制中心来完成。三分钟的时间窗口即将到来，地面上的所有系统都显示 "任务继续"，查理·杜克通过无线电向 "老鹰" 通报了他们的第一个决定。

"你们可以停留。" 于是，他们至少可以在月球表面停留12 分钟。

在波士顿的芬威公园，一场盛大的联盟棒球比赛正在进行。裁判员突然表示要暂停，然后宣布宇航员已经在月球安全着陆。观众们爆发出了巨大的掌声和欢呼声。在整个国家的夏令营中，男孩和女孩都在小电视机上看到了登月。在百货商店，营业员和顾客们都挤进了电子产品区域，从电视上观看登月。在不夜城纽约和拉斯维加斯，人们都在看登月，所有的事情都暂停了。然而，也不是所有人都那么为之着迷。在纽约的一个酒吧里，一个酒保在想要换台看 "阿波罗 11 号" 登月时，被两个顾客呵斥了。其中一个喊道："我们才不在乎月球呢！"[35]

迈克尔·柯林斯现在可获得"宇宙中最孤独的人"的桂冠。他孤身一人驾驶宇宙飞船，绕着一个距离地球 25 万英里远的天体飞行，这创造了孤独的最新纪录。在此次飞行前，一篇媒体报道中有这样的评论："除了亚当之外，没有人曾经体会过这样的孤独。"但是柯林斯并没有感到孤独。他写道："与孤独或者被遗弃的感觉正好相反，我感到我深度参与了月球表面上正在进行的事情。我有一种强烈的感觉，这种感觉并不是恐惧或者孤独，而是清醒、希冀、满足、自信，甚至是得意。我喜欢这种感觉。"[36]

在那次飞行任务之后，他对他的队友巴兹·奥尔德林说："我知道我当时独自一人，这种单独的状态是其他地球人从来都没有经历过的。"[37]

一小时前，柯林斯看着他的两名同事从指挥舱离开，开始向月球表面降落。柯林斯可以看到"老鹰"开启了下降发动机来减速，然后从"哥伦比亚"下面掠过。在与休斯敦的太空舱通信员通话几次后，他开始了一段时间的无线电静默，因为他知道从那时起，只有登月舱和地面之间的通话才是最重要的。由于已经不再对登月舱及其船员负责，他把他的时间都用在了检查飞船状态上，并高兴地发现飞船似乎正在完美地工作着。他用一个六分仪检查了他与一个著名的月球地标的距离，以及与登月舱之间的距离。当时正处于着陆过程中的登月舱只是下方遥远处的一个小点。他持续地监听休斯敦和登月舱之间的通信，所以知道 1202 号和 1201 号报错事件。跟登月舱的船员一样，他也不知道这些报警代码指的是什么。他专心地听着来自登月舱的报告，关注着奥尔德林报出的高度和速度值。他听到奥尔德林宣布"接触指示灯亮了"，他和其他人一样感到困惑，以为他们着陆后的第一件事就是立马开始对飞船进行检查，而不是宣布着陆成功。他们到底有没有安全着陆？然后阿姆斯特朗使人安心的声音传了过来。

"休斯敦，我们当前在静海。'老鹰'已经着陆。"

柯林斯与休斯敦交流了几句，然后再一次把通信频段让给了登月舱的宇航员。

很快"哥伦比亚"就绕到了月球背面，切断了柯林斯与他的同事、地球以及其他所有地方的所有人类之间的联系。在他下面，月球进入了夜晚，创造了一片黑暗的虚空，好像宇宙中的一个圆洞。在绕下一圈时，柯林斯计划用六分仪来记录下登月舱的具体位置，这个位置将会与原计划着陆的位置不同。新的登陆位置将会稍微影响到接下来的起飞和对接过程，因为现在登月舱的起始位置在原飞行计划的基础上有所改变。所有这些都需要输入飞船的计算机中，而且要快。

下一次绕月将会持续两小时，但是在此期间，柯林斯有很多工作要做。[38]

在地球上，登月任务有一个很容易引起误会的部分，当时被广大的电视观众忽略掉了，甚至到现在：宇航员打开登月舱，下去探索月球前，需要做繁杂的准备工作。由于电视剪辑的缘故，许多人直到今天都觉得阿姆斯特朗和奥尔德林在降落之后，马上就离开登月舱在月球表面上漫步了。事实上，因为需要进行很多一丝不苟的准备工作，从登月舱接触月球表面到阿姆斯特朗走出登月舱，消耗的时间足足有七个小时。当宇航员们终于从登月舱里下来并踏上月球表面的时候，6亿人观看到这一幕，约占世界总人口的五分之一。

只要澳大利亚没有出问题。

"老鹰"的传送天线比较小，发出的无线电/电视信号的功率不大。因此，NASA需要在地球上架设非常大、非常灵敏的天线，以便接收宇航员发来的微弱的广播和电视信号。一共有三个这样的抛物面天线，它们不但需要能够接收到这些微弱信号，还需要在正确的时间朝向月球。其中有两个在澳大利亚，第三个则是在加利福尼亚州的金石阵。在这三个天线里，有一个是NASA投资的，有能力为他们转发最高质量的信号，那就是位于澳大利亚东南部的帕克斯无线电观测站。

尼尔·梅森（Neil Mason）是帕克斯观测站抛物面控制室的职员，主要负责将抛物面天线精确地对准正确的方向。地球和月球都是持续运动的，所以这并不是一项容易的工作，即使在很理想的环境下也是如此。在世界首次月球行走马上就要开始的时候，一场巨大的风暴袭击了新南威尔士，拉扯着抛物面天线，几乎把它吹翻。在这样的风暴天气下，天线管理员通常会把抛物面旋转至一个安全的位置，但是登月正在进行，他们需要完成书写历史的职责。

在阿姆斯特朗和奥尔德林整整两个半小时的月球表面行走过程中，NASA 都要用到帕克斯的信号。鲜为人知的是，在整个过程中，帕克斯抛物面天线的运行远远超出了规定的安全限度。为了帮助美国的朋友们，澳大利亚的科学家为记录这一世界历史冒着巨大的风险。[39]

尼尔·梅森在风暴期间非常专心地工作，坚守天线对准、使其保持正确位置的职责，从未往观测站的电视屏幕上看过一眼。他错过了整个月球行走过程，只是为了让地球上其他人可以看到。[40]

从迈克尔·柯林斯跟他的两个宇航员同伴说再见时算起，已经过去两个小时了。指挥服务舱绕着月球轨道惯性滑行，柯林斯从月球的背面绕了回来，正在接近那个任务控制中心说他可以看到登月舱的位置。NASA 的工程师们正在疑惑登月舱降落在了哪里，他们需要柯林斯的帮助。他们知道登月舱降落在了比原定目标区域更远一些的地方，但是远了多少呢？知道登月舱的降落位置非常重要，因为一旦登月舱从月球起飞，它就需要与指挥服务舱对接，为了把交会对接的飞行轨迹编入飞船的计算机中，工程师们需要知道登月舱的起始位置点。在柯林斯飞过控制中心指示的潜在着陆区域时，他采用了一切必要的技能和工具在月球表面寻找登月舱，但都没有找到。在他的同事踏上月球的土地前，他还有三次确定登月舱位置的机会。

为登月舱减压并去外面走走的时候到了。在出去前，需要保证舱内舱外没有压力差，这点十分重要。这意味着需要排空登月舱内所有的氧气。像登月舱外面的环境一样，里面也必须是真空的。这要归因于登月舱一种确保安全的设计：出去的舱门只能朝里打开。只要舱内有气压，压力就会一直推着门，让门紧紧关闭。这个安全措施现在导致了一个事先未预见到的两难境地。随着两个宇航员把舱内氧气往外排，气压计读数慢慢往下降，直到每平方英寸0.1磅——这已接近真空，但还没有达到真空。[41] 他们又等了一会儿，但是根据奥尔德林的回忆，当时登月舱内剩下的氧气怎么也排不出去，压力一直保持在0.1。

当时我仔细地看着（内部氧气）仪表的读数慢慢趋向于零。我尝试去……打开舱门，但是它拒绝释放开关。舱内并非完全没有氧气。神奇的是，就那么一点点氧气产生的压力就足以让舱门无法朝里打开。[42]

奥尔德林和阿姆斯特朗又多次尝试打开舱门，但是剩下的一点点残余氧气足以让舱门保持关闭。被困在登月舱里、无法出去走动，难道他们千里迢迢来到月球就只能这样了吗？

阿姆斯特朗日后写下了关于舱门的这段经历，并将其归咎于无法测试的问题：在飞行前有几个任务是他们永远没法进行演练的，其中之一就是把登月舱放在一个真空环境里来测试宇航员的出舱过程。"我们从未在任何测试或模拟中对这部分工作进行过复现和演练……我们只在一个舱体内进行过训练，但当时的环境条件与真实情况有所不同。"[43]

两位稍后将通过理论分析出这始终存在的压强是从何而来：来自他们的宇航服。宇航服会将衣服里的废气排出，导致登月舱本应外泄的气体不断得到补充。最终他们还是把舱门拉开了，但是这段经历让奥尔德林意识到另一个之前没有考虑过的问题。如果他们关上舱门，但随后想回到登月舱内时，会不会打不开舱门呢？换言之，如果他们不小心，可能会出现这样的场景：宇航员永远站在登月舱外，无法再打开舱门，进入舱内，飞回家。这似乎是可能发生的事。奥尔德林回忆道："当时我心里想，如果在我走出去的时候'老鹰'内部还存留有氧气，那么舱门就会关闭，舱内的压力会封死舱门。"[44]

在长达七小时的准备后，宇航员终于可以离开登月舱进行月球表面行走了。阿姆斯特朗用手和膝盖支撑着身体，慢慢后退着，退到了舱门外一个比较平的"门廊"上。奥尔德林在他下去的过程中给他提供指引，引导他笨重的宇航服和背包，以免它们被门或者其他任何东西刮到。然后阿姆斯特朗顺着梯子小心地、有条不紊地爬了下去。在他下去的过程中，他拉动一个控制杆来打开设备间的门，并启动了一台电视摄像机。

在任务控制中心，布鲁斯·麦坎德利斯作为新一批招募的宇航员成员，和其他人一样正在太空舱通信员的桌子那边等待电视摄像机信号。当阿姆斯特朗在梯子上的照片出现时，他对飞船上的宇航员说："我们在电视上收到图像了。"

又过了一小会儿，阿姆斯特朗到达了梯子底部，他的脚悬在月球表面以上三英尺的位置。现在需要阿姆斯特朗通过跳一小步来实现下一个目标：跳上登月舱的支脚垫。从那里到月球表面只有一步之遥。然后他说出了那句后来尽人皆知的话："这是我个人的一小步，却是人类的一大步。"

阿姆斯特朗往周围看了看，然后又向下看了看他的靴子。"月球表面呈细密粉末状，"他报告道，"我用一个脚趾就可以把它踢起来。"

阿姆斯特朗告诉任务控制中心和地球上的人，他的靴子只陷进月球表面土壤大概八分之一英寸，这终于回答了人们关于月球土壤硬度这个长期备受争议的问题。他又收集了一些石头样本。如果因为一些紧急情况不得不离开，他们肯定不希望空着手回去。在采集完最初的样本之后，奥尔德林用一个线缆和滑轮把一个 70 毫米的哈苏相机放了下去，交给阿姆斯特朗。

阿姆斯特朗在月球表面上待了大约 20 分钟后，就轮到奥尔德林下去了。像阿姆斯特朗一样，他可以毫不费劲儿地爬下去。但在走远之前，他只是部分地关闭了舱门。他记得残余氧气导致舱门难以打开的事情，所以他确保舱门没有闩上。[45] 然后奥尔德林继续向下走。[46]

在到达底部之后，一个生理需求很快阻滞了他的思维。"我当时决定，这是一个释放膀胱紧迫感的绝佳机会。我不知道历史是否会对这样的行为给予褒奖，这种行为可能并不道德，但将是我在月球上的'第一项'荣誉。"[47]

然后奥尔德林转了一圈，看了看辽阔的月球景观。

目光所及之处，是尘埃一样颜色的灰色月球风景，月球表面布满千万个小陨石坑，还有形态各异的岩石。我看到了 1.5 英里外弯曲的地平线。因为没有大气，月球上没有迷雾。视野非常清晰。[48]

在短暂的观景时间结束后，两人开始工作。奥尔德林从阿姆斯特朗那里接过哈苏相机，给登月舱支架和旁边的月球表面拍了一些照片。NASA 需要这些照片来为接下来的探月飞行提供登陆决策参考。然后他把相机还给了此次任务中指定的摄像师阿姆斯特朗。又拍了一些照片后，两位宇航员将电视摄像机架到了大概离登月舱 50 英尺远的地方，以便于有一个更好的视角来记录并转播"静海基地"和它的两个孤独的占领人。

然后还有一些仪式性的任务。之前在地球上的时候，NASA 在登月舱的一条支脚上安装了一个小牌子，乐观地在上面写下了 1969 年 7 月 20 日，并用如下句子来纪念首次登月：在这里，来自地球的人类首次踏上月球。我们代表全人类，为了和平而来。

然后他们插上了一面美国国旗，星条旗靠着一根可以伸缩的桅杆支撑着。把旗杆插进月球土壤是一项很困难的工作，但是在努力了一阵子后，他们成功地插稳了旗子。在拍了一些他们在旗帜旁边摆造型的照片后，他们试着通过走路、蹦跳，甚至跑步来看一看人类在六分之一地球重力环境下的运动是什么样子。他们的运动试验被太空舱通信员麦坎德利斯打断了，他通过无线电带来了一个他们没料到的消息："尼尔和巴兹，美国总统现在在他的办公室里，他想跟你们说两句话。"

当理查德·尼克松在给他们打电话的消息通过头盔内的无线电传来时，奥尔德林愣住了。这完全在意料之外，他从未想过在月球上会接到任何任务之外的电话，更别提是总统打来的了。在他沉思着应该说什么的时候，阿姆斯特朗的声音传了过来："那将是我们的荣幸。"

两名宇航员在电视摄像机前站好，然后总统说："你们好，尼尔和巴兹。我正在白宫椭圆办公室里跟你们通话。"[49]

阿姆斯特朗和奥尔德林耐心地听着总统说了一些鼓励和祝贺的话，他在结尾说："我们所有人都期待周四在'大黄蜂号'上见到你们。"

奥尔德林在结束时说："我也很期待，先生。"两名宇航员对着摄像头敬了个礼，然后回到了他们的工作当中。

在数月之前，任务控制中心一丝不苟地计划好了首次月球探索的时间安排，其中计划的登月舱外行走时间只有两个半小时。在跟总司令进行了短暂通话之后，奥尔德林开始为三个科学试验架设装置。出于安全因素的考虑，这些试验所需的设备都是小型、轻量的。飞行可行性被阿姆斯特朗和奥尔德林在真实世界中验证之前，NASA 想要把飞船的货物重量降到最低。这三个试验涉及的仪器包括一个被动地震仪，一个太阳风探测器和一个叫作"月球激光测距反射器"（Lunar Laser Ranging Reflector，LLRR）的激光反射器。LLRR 用来对地球和月球之间的距离进行超高精度测定。在地球上的传送器将会向这个设备发一束激光，并且计算激光反射回地球所需要的时间。借助这个反射器，NASA、JPL 和其他科学组织、高校随后计算出了平均地月距离为 238897 英里（384467 公里）。令人惊奇的是，LLRR 在几十年后依然能够正常工作。[50]

地震仪的目标在于测量陨石撞击的数量和大小、地下火山的活跃程度以及月球的内部构造。正是"阿波罗 11 号"带去的地震仪数据显示，月球的结构与地球相似，都有地壳、地幔和流体核。[51]然而，地震仪注定不能像 LLRR 那样长寿。它只工作了三个星期就关机了。即便如此，在它短暂的生命中，也解开了许多关于月球地质学的奥秘。更复杂的地震仪将会被后续的阿波罗宇航员带上去。

太阳风实验的目的是探测带电粒子。这些粒子由太阳自然地传送到遥远的太空中，但它们大多被地球磁场偏转了。奥尔德林搭设了一个非常简单的试验装置，就是一片长 4.5 英尺、宽 1 英尺的铝箔。它被装在一根杆子上，面向太阳，这样它就可以像一张网一样收集大量的太阳粒子。在离开月球之前，奥尔德林可以把铝箔卷好收起来，带回地球后科学家就可以进行相关研究了。

在奥尔德林忙着搭建三个试验设施的时候，阿姆斯特朗则在忙着照相[52] 和采集地质样本。这两件事一起做是很困难的，所以在奥尔德林完成了安装试验仪器的工作后，阿姆斯特朗把哈苏相机给了他，然后专心于收集石头。他和奥尔德林从 1964 年就开始进行地质学方面的宇航员培训了。这种训练由同是宇航员的职业地质学家杰克·施密特提供，他在"阿波罗 17 号"的任务中也登上了月球。

最终奥尔德林接管了照相工作，他觉得从流传后世的角度来看，拍张月球土壤上一个脚印的照片是个很好的主意。那张极具人文色彩的照片成为历史上最有名的照片之一。阿姆斯特朗不甘示弱，也拍摄了一张同样具有历史意义的照片。照片中奥尔德林站在月球表面上，登月舱、阿姆斯特朗和奥尔德林的影子，还有他们安装好的试验设备映在奥尔德林的面罩上。

两名探索者很快收到了来自休斯敦的三分钟提醒：是时候爬上登月舱梯子，准备在月球轨道上与柯林斯会合了。他们按照出舱的相反顺序进入了登月舱：奥尔德林先进去，然后是阿姆斯特朗。但是在奥尔德林开始爬梯子时，阿姆斯特朗提醒他，他们还有一个小小的纪念仪式没有完成。

埃德温·"巴兹"·奥尔德林成为宇航员的原因只有一个：他朋友埃迪·怀特的建议。如果不是怀特，奥尔德林永远也不会成为宇航员，也永远不会在月球上行走。在他的口袋里有一个小袋子，里面装着"阿波罗 1 号"的碎片、两枚分别纪念苏联宇航员尤里·加加林和弗拉基米尔·科马罗夫（Vladimir Komarov）的奖章，还有一小张硅磁盘，上面有来自包括苏联在内的73个国家的美好祝愿。另外，还有一个代表和平的橄榄枝形状的金别针。奥尔德林将那个小袋子解下来，扔到了月球表面上。

再次进入登月舱后，奥尔德林用一个滑轮帮阿姆斯特朗把几箱月球石头搬上来。然后，阿姆斯特朗也进入登月舱与奥尔德林会合。

在起飞时，能够省下来的每一磅重量都大有好处，所以在给舱内加压之后，宇航员们摘掉了沉重的生命保障背包。然后他们把宇航服与"老鹰"的氧气箱连接起来，并再次释放舱内气压，把他们的背包和一些垃圾扔出了登月舱，然后再一次给登月舱密封、加压。

接下来就是晚饭时间了：小香肠和混合果汁。然后，任务控制中心安排了睡眠时间。当奥尔德林蜷在地板上、阿姆斯特朗靠在上升引擎盖边上睡觉的时候，奥尔德林突然发现地板上有一个断路器。在快速检查设备之后，发现那是一个上升发动机点火所需的很重要的断路器。不知道为什么它从控制面板上面掉了下来。他们通知了休斯敦，休斯敦告诉宇航员暂时不要尝试维修，任务控制中心会找到解决办法。他们命令宇航员开始睡觉。但是在又有了重力的情况下，在一个冰冷的舱室内，一个没有伸展或者躺下空间的局促环境下，再加上现在又有了主要部件故障带来的心理压力，睡觉基本上已经是不可能的了。奥尔德林后来用"断断续续打瞌睡的状态"来形容这一段睡眠时间。[53]

在上面的指挥舱内，迈克尔·柯林斯则没有任何睡眠障碍。

几个小时之后，休斯敦通过无线电叫醒了宇航员们。奥尔德林和阿姆斯特朗发现任务控制中心还没有找到方法修复坏掉的断路器，所以不太开心。奥尔德林决定不能再等了。他从工具箱里拿出了一支毛毡马克笔，并用它成功地把断路器塞回了原来的位置。问题解决了。[54]

接下来需要奥尔德林和他的太空舱通信员罗恩·伊万斯对发射前需要检查的各项内容逐一进行处理。在需检查的清单中新添了一项：关闭交会雷达。虽然还没有告知宇航员，但是任务控制中心推断结果表明，正是奥尔德林坚持在下降过程中保持对接雷达开启的行为导致了登月舱计算机超负荷运行，从而触发了1202号和1201号警报。尽管奥尔德林不想关掉雷达，但是他还是默然顺从了。[55]

在阿姆斯特朗和奥尔德林正在准备启动上升发动机回到月球轨道的时候，在他们上空环绕月球飞行的苏联"月球15号"探测器启动了它的制动发动机，开始下降，并尝试软着陆。没有人知道确切原因，但是人们怀疑是"月球15号"的降落雷达出现了故障，无法引导探测器转向并避开山体。不管故障是什么导致的，总之探测器最后在"危海"（Mare Crisium）处坠毁了。就在阿姆斯特朗和奥尔德林从月球启程与柯林斯会合前两个小时。"老鹰"的着陆点大概在离坠毁点往东五百英里处，因此两位宇航员可能又获得了另外一个"第一"：人类第一次目睹人造物体在月球坠毁。

"阿波罗 11 号"载人任务的辉煌胜利与苏联"月球 15 号"探测器的凄凉失败之间，形成了鲜明的对比，这可以为太空竞赛画上句号了。这场非正式的竞赛结束了，谁是获胜方将毫无疑问。

现在剩下的就是把阿姆斯特朗和奥尔德林安全带回家了。

家　园

月球壮丽的荒芜对于人类而言将不再陌生。

——巴兹·奥尔德林

飞行员对走路不感兴趣。飞行员喜欢飞行。

——尼尔·阿姆斯特朗

在月球表面上空六英里处，柯林斯依然在绕月球轨道飞行。每次柯林斯飞过静海的时候，他都试着用望远镜、观测设备以及裸眼来确定登月舱位置，但是一直没能找到。他可以毫无障碍地在无线电里听到他们的对话，但是如果能够看到，甚至航拍一些照片就更好了。但即便如此，柯林斯依然带了几千张目标星球的照片回家。

数分钟前，柯林斯被罗恩·伊万斯叫醒，他告诉这个孤独的宇航员他们成功确定了"老鹰"的位置：它降落在了目标着陆地点外四英里的地方。好消息是他们可以为两个飞船的交会对接计算所需轨迹。伊万斯没有浪费一丁点儿时间，马上提醒柯林斯他需要为交会对接的机动过程做大量准备工作。在他的清单上，有不少于 850 个有待输入的电脑按键，并且每一个都需要完美完成。当柯林斯正逐项开展准备工作时，他听到了奥尔德林的发射倒计时："十……九……八……"柯林斯停下手头的工作，开始聆听，这是一次必须成功的发动机点火。奥尔德林倒数到了零，然后他宣布上升发动机点火成功：奥尔德林和阿姆斯特朗现在踏上了去往月球轨道的旅程。

于是，柯林斯将注意力再次集中到了他手上的准备工作中。

在启动上升发动机之前，尼尔和巴兹都看了维修过的断路器最后一眼。他们在未经授权情况下临时的修理是否管用？这个疑问很快就得到解答：随着倒计时到零，登月舱的上层子级敏捷地向上升了起来。在他们下面，月球表面以一个很快的速度离去。阿姆斯特朗和奥尔德林在绕月飞行了两周后才看到"哥伦比亚"。他们小心地、有条不紊地接近指挥服务舱，从月球表面起飞到与指挥舱再次对接用了将近四个小时。按照既定程序，两个登月舱宇航员用一个小吸尘器清理了在登月舱内聚集的月球尘埃：NASA 希望被带入指挥服务舱内的月球尘埃越少越好。在清理完毕之后，迈克尔·柯林斯打开了两个舱之间的舱门，欢迎两个归来的伙伴。各种各样的设备、箱子、月球石头以及两名疲惫的宇航员要经过连接的通道运送过来。当这项工作完成之后，柯林斯断开与登月舱的连接，把它释放，让空空如也的登月舱绕着月球自由飞行。奥尔德林在最近三天中的绝大部分时间都是醒着的，已经筋疲力尽。但是现在还有最后一项重要任务：地球轨道入射（Trans-Earth Injection，TEI）。他们需要再一次开启指挥舱发动机，以挣脱月球轨道返回地球。像在指挥舱内其他所有的事一样，这也是柯林斯的职责，并且他只有一次机会来正确完成任务。如同"阿波罗8号"一样，发动机点火必须要在月球远端完成，那里处于与任务控制中心之间的无线电通信范围之外。奥尔德林在《壮丽的荒凉》（*Magnificent Desolation*）中这样描写这个时刻：

> "哥伦比亚"的发动机燃烧起来，被点着了……正好在时间点上。20分钟之后我们最后一次从月球的远端冒出来……我往后一靠，闭上了眼睛。我们要回家了。[56]

跟八年前的尤里·加加林一样，美国把三名宇航员送上了风风火火的国际巡演之路。首先在纽约、芝加哥和洛杉矶三个城市分别进行了游行，然后在白宫举行了国宴，接下来又访问了25个国家。巡演在华盛顿特区结束，在那里三名宇航员在国会联席会议上发表了演讲，并把他们在月球任务中携带的两面美国国旗赠予国会。

1969年7月，我15岁，正准备在加利福尼亚州卡诺加公园的

269

查梅内德预备高中读一年级。[57]那个地方离巨大的 F-1 发动机建造地和测试地很近。在"阿波罗 11 号"的太空舱再次进入大气层、海上降落和回收之后，我和我的家人当时正在观看相关新闻。任务结束后，阿姆斯特朗、奥尔德林和柯林斯被安置在由清风旅行拖车改装而成的后任务时期住所里。在新闻播报中，尼克松总统站在拖车外面，高兴地通过事先安装的麦克风和扬声器系统与宇航员们通话。新闻中解释，宇航员要进行为期两周的隔离。这是一个他们自愿进行的隔离，是对他们可能从月球带回的微生物或病毒的一种防范措施。

当时我说这样的防范措施真是个很棒的主意，这把我身为火箭工程师的父母逗乐了。

"有什么可笑的？"我问。

我母亲摇了摇头："这都是演戏。"

"对，"我父亲表示同意，"这个所谓的隔离挺傻的。不可能有任何生物能够在月球上存活下来。"

"夜晚和白天的极端温差、强烈的辐射、缺少水、完全没有氧气，在这种环境下月球上不可能有自然生命。"母亲补充道，"隔离这件事就像马戏团演出一样。"

他们可以从我的表情上看出来我还有些怀疑。

"你这样想，"我父亲说，"当宇航员们从太空舱内出来的时候，那些帮助他们的潜水员和其他军方人员都暴露在他们面前了，虽然时间很短暂。同样的还有直升机上的人员、船上的水手，以及在船上给他们检查身体的医生，还有那些现在进出拖车给他们检查的医生，也暴露在病毒之下了。如果这是真正的隔离，所有这些接触都应避免。"

"NASA 更真实的目的在于避免恐慌。"我母亲补充道，"他们担心如果人们认为宇航员可能带着外星病菌回地球会产生恐慌，就像好莱坞电影里面演的那样。他们所做的就是通过演戏让人们感觉好些。"

跟我父母一起生活就好像跟一对斯波克一起生活一样。他们的逻辑让人无法辩驳：任何我们地球人熟悉的生命形式都显然无法在月球上存活。NASA 真的是在演一台大戏来让大家感觉更安全而不是真的更安全吗？在登月成功的兴奋之余，这是一个令人不安的想法。但是，我依然对自己能有这样智慧的父母十分感激。

在我查阅 NASA 和阿波罗计划的历史，为这本书做准备时，发现 NASA 对可能的外星病菌的重视程度比我父母所认为的要高一些。例如当宇航员在海上降落时，迎接他们的海军蛙人穿着特殊的密封潜水服。当打开舱门时，他们扔了三件隔离服让宇航员穿上。NASA 为了防止遥远但是依然有可能的传染，已经尽了最大限度的努力。

即便如此，在又完成了两次登月任务后，NASA 反应了过来，接受了我父母的观点，完全放弃了隔离程序。科学家和医学专家总结道：从月球上不会带回来病毒或者其他任何形式的生命。[58]

30 先驱者的墓志铭

诸天宣扬神的荣耀，穹苍传扬他的作为。

——诗篇 19：1

1913 年，32 岁的罗伯特·戈达德患上了重病：肺结核。虽然他最终康复了，但疾病使他的肺部特别虚弱。1945 年，在被诊断出喉癌后不久，他就去世了。戈达德获得了 214 项专利，其中 131 项是在他去世后获得授权的。NASA 位于马里兰州的戈达德太空飞行中心以他的名字命名，月球上有一个带有他名字的陨石坑，电视剧《星际迷航：下一代》（*Star Trek: Next Generation*）中的一艘航天飞机也被命名为"戈达德"。

布利斯堡终于开设了店铺。不久后，沃纳·冯·布劳恩指派迪特·胡策尔担任陆军导弹小组与北美航空公司之间的联络人，北美航空公司当时正在开展液体燃料火箭的业务。这最终导致北美航空公司从军队挖走了胡策尔。后来，胡策尔在加利福尼亚州的伍德兰山过上了四季如春的日子。由北美航空公司创立的洛克达因公司中，他是所有重要火箭发动机的参与者，他还出版了几本关于火箭科学的书籍。迪特·胡策尔于 1994 年 11 月 2 日去世。

　　亚瑟·鲁道夫对历史上最伟大的冒险（太空飞行）的贡献仅次于沃纳·冯·布劳恩。然而，尽管亚瑟·鲁道夫取得了众多成就和赞誉，但他的纳粹历史不会像他的同事那样容易被粉饰。1979 年，也就是沃纳·冯·布劳恩去世两年后，特别调查办公室（Office of Special Investigations，OSI）[1] 决定仔细调查亚瑟·鲁道夫。根据战争期间他在米特尔维克使用奴隶劳工的情况，OSI 用强硬的手段迫使鲁道夫放弃美国公民身份，返回德国。

　　谢尔盖·科罗廖夫可以说是有史以来最伟大的太空先驱，但他没有活着看到第一次载人登月。他曾希望自己的国家第一个登陆月球，但由于热衷于在任何事情上争取第一，他忽视了自己的健康，无视身体的警告信号，经常取消或推迟就医。1966 年 1 月 14 日，科罗廖夫向他的医生和顾问妥协，同意进行一直被他推迟的常规肠道外科手术。不幸的是，外科医生没有意识到科罗廖夫由于过度劳累，身体变得非常脆弱。内出血和两个腹部肿瘤使手术变得非常具有挑战性，最后科罗廖夫在手术台上因心脏病发作而去世。[2] 宇航员尤里·加加林是他的密友兼同事，他认为科罗廖夫的死亡是可以避免的，因此对他的逝世感到非常愤怒。加加林仍然相信苏联很快就会把人类送上月球，因此他发誓，有一天要把科罗廖夫的骨灰撒在月球表面。[3]

　　1961 年 4 月 12 日，宇航员加加林实现了所有水星计划的宇航员梦寐以求的目标：他不仅是第一个进入太空的人，而且是第一个绕地球飞行的人。尽管美国的宇航员们可能会羡慕他的成就，但不会羡慕之后发生的诸多事情。虽然加加林获得了令人崇敬的苏联英雄勋章，但他的名气和政治价值开始阻碍他的人生。加加林成为苏联的宝贵资产，而让他驾驶战斗机的机会越来越少，但这是他最喜欢的消遣活动。由于苏联担心失去他，于是将加加林分配到一些不那么危险的任务中。当他最好的朋友、宇航员弗拉基米尔·科马罗夫乘坐具有严重缺陷的"联盟号"太空舱，在重返大气层坠毁的烈焰中丧生时，加加林变得非常抑郁，被永久地从宇航员的飞行花名册中除名。尤里·加加林再也不会在太空飞行了。[4]

像科罗廖夫和科马罗夫一样，加加林没能活着看到"阿波罗11号"的宇航员登上月球。1968年3月27日，他驾驶一架双人苏联教练机"米格-15"UTI，进行例行飞行。飞机坠毁在莫斯科东北约60英里的林区。这架喷气式飞机燃烧得非常剧烈，深深地陷入了冻土中，当第一批救援人员到达时，只能看到一个大坑周围的几块零散金属碎片。[5]坠机的确切原因一直没有定论。今天，在许多国家，每年4月12日都视为"尤里之夜"，以纪念加加林开创性的轨道飞行。奥尔德林和阿姆斯特朗在月球表面为科马罗夫和加加林留下了两枚奖章，如果不受干扰，奖章将在那里保存数百万年。

除了格斯·格里松之外，所有水星计划初期的宇航员都活到了退休的年纪。怀揣了数年的政治抱负后，约翰·格伦于1974年参与了一个参议员空缺席位的竞选，并赢得了胜利。在1998年，他驾驶航天飞机飞行时，这位第一个绕地球飞行的美国人，成为在太空飞行的最年长的人。格伦过着非常严谨且健康的生活，这使他长寿且成功。他的寿命超过了"水星7号"所有的宇航员，在2016年去世，享年95岁。

吉恩·克兰兹在督导"阿波罗17号"的发射时，最后一次担任飞行总监。后来，他继续以管理者的身份为NASA工作，直到1994年退休。他目前在驾驶特技飞机，正在着手修复一架绰号"飞行堡垒"的波音B-17轰炸机。"克兰兹格言"指NASA必须始终"严厉而称职"，至今仍是NASA文化的一部分。

迈克尔·柯林斯在"阿波罗11号"的任务结束后，不久就从NASA退役。他在国会担任了一年的公共事务助理国务卿，之后成为华盛顿特区国家航空航天博物馆馆长。他还曾在史密森学会和LTV航空航天公司工作。他还是好几本书的作者，包括1974年出版的自传《传播火种：一个宇航员的旅程》。柯林斯也是一位水彩画艺术家，但拒绝在他的画作上签名，理由是签名会人为地提升画作的价值。他目前居住在佛罗里达州的马可岛。

在撰写本书时，埃德温·"巴兹"·奥尔德林仍然活跃在航天界。从"阿波罗11号"的航行返回地球后，他获得了美国空军颁发的杰出服务勋章以及其他许多荣誉。1988年，他合法地将自己的名字改为巴兹。一部关于登月的纪录片《伟大的荒凉》详细描述了他多年来反复沉溺于酗酒和抑郁的情况。今天，奥尔德林不知疲倦地为未来登陆火星的载人任务而奔波。他目前居住在佛罗里达州的卫星海滩。

作为史上最著名的人之一，尼尔·阿姆斯特朗在回到地球

后，担任了一年的先进研究和技术办公室副局长。1971 年，他从
NASA 辞职，进入学术界，担任辛辛那提大学的航空学教授。他在
那里教了八年书，然后在没做出任何解释的情况下离开了。在"挑
战者号"（Challenger）的灾难发生后，他在调查委员会任职，并接
受了莫顿·塞奥科公司董事会的一个职位，该公司制造的固体助推
器导致了"挑战者号"的爆炸。

2012 年 8 月 7 日，阿姆斯特朗接受了心脏搭桥手术，起初手
术看起来很成功。然而，他很快就出现了并发症，于 8 月 25 日在
医院去世。尼尔·阿姆斯特朗过着谦逊的生活，总是拒绝无数本可
以保持他公众形象的工作，比如竞选公职。时至今日，他的家人、
朋友和同事都称他为"不情愿的美国英雄"。

仙童公司年轻的首席执行官埃德·乌尔（Ed Uhl）在白沙基地
时期就认识了沃纳·冯·布劳恩。1972 年 7 月，乌尔宣布，仙童
成功地从 NASA 招募到了这位德国科学家。这一消息让公司员工
兴奋不已，当时他们几乎没有涉足太空硬件业务。⁶对于冯·布劳
恩来说，在领了 40 年政府的薪水后，转向私营企业有多个好处，
尤其是工资增加了 600%。他的妻子也很高兴，但却出于另一个原
因——仙童的工作可以让冯·布劳恩夫妇留在弗吉尼亚州亚历山大
市的新家。

和谢尔盖·科罗廖夫一样，沃纳·冯·布劳恩也有很强的自
我驱动力，痴迷于在太空中获得荣誉，以至于他把个人健康放在
了次要地位。1975 年 8 月，沃纳带着家人去加拿大的北湾荒野度

假。在那里，他出现了直肠出血的情况。和以前一样，沃纳对此不屑一顾，认为没有必要去看医生。几周后，在和埃德·乌尔同行的阿拉斯加的狩猎旅途中，出血变多，乌尔不允许冯·布劳恩再次推迟就医。他们飞回了亚历山大，乌尔督促冯·布劳恩立即去约翰·霍普金斯医疗中心看了专家。专科医生认为应立即进行手术。和科罗廖夫一样，冯·布劳恩的身体健康每况愈下，尽管他拒绝承认这一点。

那个终生痴迷于驾乘火箭登月的男孩没能亲自实现他的梦想。1977 年 6 月 16 日，沃纳·冯·布劳恩因胰腺癌并发症去世。为了避免媒体的围观，他的死讯没有对外界公布，并在同一天，于弗吉尼亚州亚历山大市常春藤公墓举行了私人葬礼。墓碑上的墓志铭是冯·布劳恩最喜欢引用的诗篇："诸天宣扬神的荣耀，穹苍传扬他的作为。"

致　谢

我出生在一个很不寻常的家庭。我的父亲 G. 理查德·摩根和母亲玛丽·谢尔曼·摩根是"二战"后制造大型火箭的先驱。有多少人能称自己是两位火箭科学家的后代？因此，不可避免的是，我在一个科学信条受到高度重视、经常被讨论和实践的家庭中长大。如果不是这样的背景，我不太可能拥有写这本书的技能或意向。所以，谢谢你们，爸爸、妈妈。你们从小就帮我和兄弟姐妹培养对科学的兴趣，赠予我们知识和智慧，以及求知的渴望。

第一次登月任务"阿波罗 11 号"于 1969 年 7 月 16 日发射升空。最后一次登月任务"阿波罗 17 号"于 1972 年 12 月 19 日返回地球。这意味着，从 2019 年 7 月 16 日到 2022 年 12 月 19 日，NASA、美国和地球将迎来一系列重要的黄金纪念日。我们可以称它为"黄金周年纪念的黄金时代"。当我写下这本书的最后一页时，2019 年 7 月的第一个重要周年纪念日到来了。几年前我就意识到这一天即将到来，也偶尔会想要写一本书来纪念这些成就。非常感谢我的经纪人，马萨尔·里昂文学机构的黛博拉·里奇肯，她找到了实现这一目标的方法。

每个作家都需要有人对他们的作品进行诚实、无偏见的评论，对我来说，这个人就是我的好朋友杜安·阿什比。他阅读了本书的手稿，并提出了一些想法和建议，我把它们中的大部分都纳入了最后的作品。

为了撰写我母亲的传记《火箭女孩》（*Rocket Girl*），我得以访谈了很多工程师，他们提供的信息在本书获得了第二次生命。我与许多前北美航空公司和洛克达因公司的工程师进行了面谈，其中包括比尔·韦伯、丹·拉特尔、比尔·维廷霍夫、沃尔特·昂特伯格、比尔·瓦格纳和欧文·卡纳里克。幸运的是，父亲给了我一次难得的机会，采访了他的前同事迪特·胡策尔。他是沃纳·冯·布劳恩最亲密的同事之一。那是在 1988 年，当时写一本关于火箭的书在我脑海里还只是隐约可见。不知为何，这么多年来，我设法保存了那次采访的笔记，终于可以把它派上用场了。

最后再说说我的父亲。2013 年，他仍然住在卡诺加公园，距离他为北美航空公司和洛克达因公司工作了几十年的地方只有几英里远。我母亲在 2004 年去世后，他便一个人住。在我们交谈的过程中，他给了我一个文件夹，里面有他正在写的一本书的前几章。他对太空竞赛和阿波罗计划有大量的一手信息，他迫切想把自己的经历写下来，并出版一本书。他让我把他写的东西看一遍，然后给他一些反馈。我答应我会的，但警告他写一本书需要大量的时间和精力。我没有提到他年事已高，健康每况愈下，让我怀疑他能否完成这样的项目。他似乎读懂了我的心思，对我的担忧不屑一顾。

"我非常确信我还有整整十年的时间。"他坚持道。身为加州理工毕业生、机械工程师、火箭科学家、丈夫和父亲，G.理查德·摩根于一年后去世。

这就是他很想写的那本书。

注　释

1　到达极高空的方法

1. Robert Goddard, high school valedictorian speech, June 1904.Quoted in Mildred K. Lehman and Milton Lehman, "Robert Goddard," *Encyclopedia Britannica*,October 1, 2019, https://www.britannica.com/biography/Robert-Goddard.

2. Asif Siddiqi, "Russia's Long Love Affair with Space," Air & Space Magazine, August 2007, https://www.airspacemag.com/space/russias-long-love-affair-with-space-19739095/.

2　烧毁房屋

1. Bob Ward, *Dr. Space: The Life of Wernher von Braun* (Annapolis, MD: Naval Institute Press, 2005), 47.

2. Ward, *Dr. Space*, 53.

3　"PT-109"和蝴蝶效应

1. 蝴蝶效应是指小事件会对复杂系统产生非线性影响。

2. William Doyle, *PT-109: An American Epic of War, Survival, and the Destiny of John F. Kennedy* (New York: William Morrow, 2015), 97.

3. Doyle, *PT-109*, 107.

4 技术的绝望、救赎和转变

1. Michael J. Neufeld, *Von Braun: Dreamer of Space, Engineer of War* (New York: Vintage Books, 2007), 202.

2. Neufeld, *Von Braun*, 202.

3. Neufeld, *Von Braun*, 197.

4. Neufeld, *Von Braun*, 199.

5. Neufeld, *Von Braun*, 200.

6. Neufeld, *Von Braun*, 201.

5 狂野西部

1. Pam Rogers, "A Member of the Old Team Looks Back," *Redstone Rocket*, February 5, 1986.

2. Winston S. Churchill, *Triumph and Tragedy* (Boston: Houghton Mifflin, 1953).

3. Michael J. Neufeld, *Von Braun: Dreamer of Space, Engineer of War* (New York: Vintage Books, 2007), 212.

4. Bob Ward, *Dr. Space: The Life of Wernher von Braun* (Annapolis, MD: Naval Institute Press, 2005), 63.

5. Neufeld, *Von Braun*, 214.

6. Ward, *Dr. Space*, 63.

7. Ward, *Dr. Space*, 59.

8. Ward, *Dr. Space*, 66.

9. Huzel, interview with the author, November 1988.

10. Ward, *Dr. Space*, 66.

6　太空人

1. Jay Barbree, "For Neil Armstrong, It Was a Muddy Boot in Korea before a Step on the Moon," HistoryNet, accessed July 20, 2017, http://www.historynet.com/a-wing-and-a-prayer.htm.

2. Bob Ward, *Dr. Space: The Life of Wernher von Braun* (Annapolis, MD: Naval Institute Press, 2005), 74.

3. Ward, *Dr. Space*, 74.

4. Ward, *Dr. Space*, 76.

5. Wernher von Braun, "Man on the Moon: The Journey," *Colliers*, October 18, 1952.

6. Ward, *Dr. Space*, 78.

7. Ward, *Dr. Space*, 91.

7　总设计师

1. Matthew Brzezinski, *Red Moon Rising: Sputnik and the Hidden Rivalries That Ignited the Space Age* (New York: Times Books, 2007), 99.

2. 科罗廖夫那时还完全不知道 R-7 的设计最后被证实是非常可靠且高效的，以至于在 60 年后仍在使用该版本的设计。

8　竞　争

1. 1969 年将三名宇航员送上月球的"土星 5 号"只有 33 英尺宽。

2. Michael J. Neufeld, *Von Braun: Dreamer of Space, Engineer of War* (New York: Vintage Books, 2007), 269.

3. Neufeld, *Von Braun*, 220.

4. "阿特拉斯号"和苏联的 R-7 已经成功发射了 700 多次，使得捆绑式助推器的设计成为可靠性的代名词。

5. Neufeld, *Von Braun*, 283.

6. 自燃推进剂指仅通过相互接触就可以点燃的推进剂。

7. Konstantin Gerchik, *Nezabyvayemyy Baykonur* (Moscow: Tekhnika molodezhi, 1998), 72.

8. Deborah Cadbury, *Space Race: The Epic Battle between America and the Soviet Union for Dominion in Space* (New York: Harper Collins, 2006), 214.

9. Alan Brinkley, *John F. Kennedy* (New York: Henry Holt and Company, 2012), 26.

9　演出终结者

1. Bill Webber, interview with the author, August 5, 2002.

2. Sunny Tsiao, *Read You Loud and Clear: The Story of NASA's Spaceflight Tracking and Data Network* (NASA History Series; Washington, DC: NASA, 2008), 94.

3. 大揭秘：玛丽·谢尔曼·摩根是我的母亲。

4. Mark Wade, "LOX/Hydyne," Astronautix, accessed March 1, 2017, http://www.astronautix.com/l/loxhydyne.html.

10　喧器

1. Betsy Kuhn, *The Race for Space* (Minneapolis: Twenty-First Century Books, 2007), 7.

2. Douglas J. Mudgway, *William H. Pickering: America's Deep Space Pioneer* (Washington, DC: Progressive Management Publications, 2008), 56.

3. Paul Dickson, *Sputnik: The Launch of the Space Race* (Toronto: Macfarlane Walter & Ross, 2001), 63.

4. Michael J. Neufeld, *Von Braun: Dreamer of Space, Engineer of War* (New York: Vintage Books, 2007), 311.

5. Gerard J. Degroot, *Dark Side of the Moon: The Magnificent Madness of the American Lunar Quest* (New York: New York University Press, 2006), 88.

6. Dickson, *Sputnik*, 88.

7. Degroot, *Dark Side of the Moon*, 90.

8. Degroot, *Dark Side of the Moon*, 123.

11　早期探测器

1. Deborah Cadbury, *Space Race: The Epic Battle between America and the Soviet Union for Dominion in Space* (New York: Harper Collins, 2006), 191.

2. 当后来的"先驱者"探测器成功时，空军将其命名为"先驱者 1 号"，并将最初失败的探测器改名为"先驱者 0 号"。

3. Cadbury, *Space Race*, 188.

4. Cadbury, *Space Race*, 188.

5. "撞击器"探测器通过撞击目标星球而着陆，而不是尝试软着陆。

12　水星计划

1. Wally Schirra, *Schirra's Space* (Annapolis, MD: Naval Institute Press, 1988), 46.

2. Schirra, *Schirra's Space*, 45.

3. Schirra, *Schirra's Space*, 54.

4. Deborah Cadbury, *Space Race: The Epic Battle between America and the Soviet Union for Dominion in Space* (New York: Harper Collins, 2006), 215.

5. 正是这种进取心和热情的结合，使汤姆·沃尔夫后来将其 1979 年的宇航员回忆录命名为《真材实料》。

6. 美国太空史上充斥着讽刺之事，其中一件是格伦南将职业生涯中的大部分时间都投入电影业中。他后来在电影版《真材实料》中由演员约翰·瑞安饰演。约翰的表演非常出色，不过在演职员名单中，他饰演的角色被标注为"项目负责人"，而不是托马斯·基思·格伦南。

7. NASA Content Administrator, "Mercury Project Overview-Astronaut Selection," National Aeronautics and Space Administration, November 30, 2006, https://www. nasa.gov/mission_pages/mercury/missions/astronaut.html.

8. Tom Wolfe, *The Right Stuff* (New York: Bantam Books, 2001 [originally published in 1979]), 90.

9. Wolfe, *The Right Stuff*, 90.

10. Michael J. Neufeld, *Von Braun: Dreamer of Space, Engineer of War* (New York: Vintage Books, 2007), 339.

11. Neufeld, *Von Braun*, 339.

12. 迪特·胡策尔将被分配到雇用玛丽·谢尔曼·摩根的北美航空研究小组。玛丽·谢尔曼·摩根是美国第一位女火箭科学家。

13. Neufeld, *Von Braun*, 338.

14. 虽然通常被称为宇航服，但技术术语其实是压力服。

15. Schirra, *Schirra's* Space, 139.

16. 1974 年，约翰·格伦利用近期开业的迪士尼乐园重新进入佛罗里达州中部的酒店业，这一举措将被证明非常成功。

17. Schirra, *Schirra's Space*, 140.

18. Homer H.Hickam, Jr., *The Rocket Boys* (New York: Delacorte Press, 1998), 336.

13　任务：控制

1.美国国家航空航天局的前身。

2. Gene Kranz, *Failure Is Not an Option: Mission Control from Mercury to Apollo 13 and Beyond* (New York: Simon & Schuster, 2009), 68.

3. Michael J. Neufeld, *Von Braun: Dreamer of Space, Engineer of War* (New York: Vintage Books, 2007), 337.

4. 电影版《真材实料》由菲利普·考夫曼执导，1983 年由华纳兄弟公司发行。

5. Chris Kraft, *Flight: My Life in Mission Control* (New York: Dutton, 2001), 83.

6. Kranz, *Failure Is Not an Option*, 22.

7. 除非你把荷马·希卡姆和大约 100 个德国人算在内。

8. 1973 年更名为约翰逊航天中心（Johnson Space Center）。

14　第二个太空人

1. 第 19 舰载航空大队正在为朝鲜战争进行作战训练，但在他们参与战斗前，战争就结束了。

2. Colin Burgess, *Freedom 7: The Historic Flight of Alan B.Shepard, Jr.* (New York: Springer-Praxis, 2014), 12.

3. Wally Schirra, *Schirra's Space* (Annapolis, MD: Naval Institute Press, 1988), 71.

4. Schirra, *Schirra's Space*, 72.

5. Gene Kranz, *Failure Is Not an Option: Mission Control from Mercury to Apollo 13 and Beyond* (New York: Simon & Schuster, 2009), 25.

6. Rod Pyle, *Heroes of the Space Age* (New York: Prometheus Books, 2019), 24.

7. James Donovan, *Shoot for the Moon: The Space Race and the Extraordinary Voyage of Apollo 11* (New York: Little, Brown, and Company, 2019), 85.

8. Kranz, *Failure Is Not an Option*, 52.

9. Donovan, *Shoot for the Moon*, 85.

10. Kranz, *Failure Is Not an Option*, 53.

11. NASA 后来发现这一行动的风险比他们想象的要小：太空舱内 100% 的

氧气环境很快就将衣服里的尿液蒸发了。

12. "飞控"是他们对克里斯·克拉夫特的称呼。

15 金 刚

1. 相比之下，将第一批七名宇航员送入太空的红石 A-7 发动机的最大推力只有 7.8 万磅。

2. Bob Ward, *Dr. Space: The Life of Wernher von Braun* (Annapolis, MD: Naval Institute Press, 2005), 136.

3. 我在《火箭女孩：玛丽·谢尔曼·摩根的故事》一书中记录了我母亲的一生，她是美国第一位女性火箭科学家。

4. Andrew Young, *The Saturn V F-1 Engine: Powering Apollo into History* (Chichester, UK: Praxis Publishing, 2009), 47.

5. William E.Anderson and Viggo Yang, *Liquid Rocket Engine Combustion Instability* (Reston, VA: American Institute of Aeronautics and Astronautics, 1995), https://arc. aiaa.org/doi/book/10.2514/4.866371.

6. Young, *The Saturn V F-1 Engine*, 58.

7. 对安全性的改进和进一步的冗余也影响了这项决定。

8. 撰写本书时，最近合并的 Aerojet-Rocketdyne 公司位于加利福尼亚州卡诺加公园的停车场里，有一架 F-1 在进行户外公开展示。

16 北河二、北河三和"新九人"

1. *Wikipedia*, Gemini (constellation), last modified April 12, 2019, https:// en.wikipedia.org/wiki/Gemini.

2. Ben Evans, "A Bad Call: The Accident Which Almost Lost Project Gemini," America Space, March 5, 2012, http://www.americaspace.com/2012/03/05/a-bad-

call-the-accident-which-almost-lost-project-gemini/.

3. 一种认为任何可能出错的事情最终都会出错的世界哲学观。

4. Gene Kranz, *Failure Is Not an Option: Mission Control from Mercury to Apollo 13 and Beyond* (New York: Simon & Schuster, 2009), 126.

5. Kranz, *Failure Is Not an Option*, 130.

6. Kranz, *Failure Is Not an Option*, 130.

7.《永不沉没的莫莉·布朗》当时是百老汇的热门音乐剧。

17　X 计划

1. 当航天飞机的时代到来时，团队的数量变为 33 个，他们有了像花岗岩、石榴石、午夜和水晶这样充满异国情调的名字。当把颜色都用完时，他们会使用星星、天体，以及任何与天空相关的名字，比如小鹰。

2. Gene Kranz, *Failure Is Not an Option: Mission Control from Mercury to Apollo 13 and Beyond* (New York: Simon & Schuster, 2009), 134.

3. 实际执行任务的时间是 7 天 22 小时 55 分钟。

18　北河二、北河三和"第三批 14 人"

1. Michael Collins, *Carrying the Fire: An Astronaut's Journeys* (New York: Farrar, Straus, and Giroux, 2009), 154.

2. Collins, *Carrying the Fire*, 154.

3. Dan Kendall, "Apollo 7 and the Importance of Guenter Wendt," National Space Centre, October 10, 2018, https://spacecentre.co.uk/blog-post/apollo-7-guenter-wendt/.

4. Wally Schirra, *Schirra's Space* (Annapolis, MD: Naval Institute Press, 1988), 157.

5. Rod Pyle, *Heroes of the Space Age* (New York: Prometheus Books, 2019), 124.

6. 宇航员给它起的名字，源于它的球状外形。

7. Gemini Ⅷ Voice Communications, NASA, March 1966, 75.

8. Jim Dumoulin, "Project Gemini Ⅺ," NASA, last updated August 25, 2000, https://science.ksc.nasa.gov/history/gemini/gemini-xi/gemini-xi.html.

9. Gene Kranz, *Failure Is Not an Option: Mission Control from Mercury to Apollo 13 and Beyond* (New York: Simon & Schuster, 2009), 90.

19 地球轨道会合、月球轨道会合和登月舱

1. Michael J. Neufeld, *Von Braun: Dreamer of Space, Engineer of War* (New York: Vintage Books, 2007), 356.

2. James R. Hansen, "The Rendezvous That Was Almost Missed," NASA Langley Research Center, December 1, 1992, https://www.nasa.gov/centers/langley/news/factsheets/Rendezvous.html.

3. Deborah Cadbury, *Space Race: The Epic Battle between America and the Soviet Union for Dominion in Space* (New York: Harper Collins, 2006), 263.

4. Cadbury, *Space Race*, 264.

5. 尽管每个参与的人都继续用飞船最初的发音 "lem" 来指代它。

6. 设计从五条腿变为四条腿，再到三条腿，然后又回到四条腿。

7. "Six Stories from Developing the Lunar Module," Smithsonian National Air and Space Museum, August 13, 2016, https://airandspace.si.edu/stories/editorial/six-stories-developing-lunar-module.

8. 最终成本将飙升至 20 亿美元。

9. Kevin M. Rusnak, "Interview with Thomas J. Kelly," NASA Johnson Space Center Oral History Portal, September 19, 2000, https://historycollection.jsc.nasa.gov/JSCHistoryPortal/history/oral_histories/KellyTJ/KellyTJ_9-19-00.htm.

10. 我父亲乔治·理查德·摩根在马夸特公司工作了几年，参与了登月舱反应控制系统的初步设计。然而，到了 20 世纪 60 年代中期，他已经穿过圣费尔南多山谷，跳槽到了洛克达因公司，且更喜欢研究"大发动机"。

11. Rusnak, "Interview with Thomas J. Kelly."

12. 由于混合比例和推进剂密度的差异，一个油箱会比另一个油箱大得多，因此不对称。

13. Rusnak, "Interview with Thomas J. Kelly."

14. Gene Kranz, *Failure Is Not an Option: Mission Control from Mercury to Apollo 13 and Beyond* (New York: Simon & Schuster, 2009), 217.

15. Kranz, *Failure Is Not an Option*, 220.

16. 在凯利去世的前一年，2001 年，他出版了一本关于登月舱是如何设计和建造的回忆录。

20　梦想家之死

1. Bob Ward, *Dr. Space: The Life of Wernher von Braun* (Annapolis, MD: Naval Institute Press, 2005), 132.

2. Ward, *Dr. Space*, 132.

3. Ward, *Dr. Space*, 132.

4. Ward, *Dr. Space*, 134.

5. William E. Burrows, *The New Ocean: The Story of the First Space Age* (New York: Random House, 1998), 332.

6. John M. Logsdon, "John F. Kennedy and NASA," NASA: History, May 22, 2015, https://www.nasa.gov/feature/john-f-kennedy-and-nasa.

21　风暴海洋

1. Douglas Mudgway, *William H. Pickering: America's Deep Space Pioneer* (Washington, DC: Progressive Management Publications, 2008).

2. Deborah Cadbury, *Space Race: The Epic Battle between America and the Soviet Union for Dominion in Space* (New York: Harper Collins, 2006), 262.

3. Cadbury, *Space Race*, 289.

4. Mudgway, *William H. Pickering*, 156.

22　演出终结者二号

1. G. Richard Morgan, interview with the author, February 10, 2010.

2. Michael J. Neufeld, *Von Braun: Dreamer of Space, Engineer of War* (New York: Vintage Books, 2007), 398.

3. Neufeld, *Von Braun*, 398.

23　崎岖的道路

1. Gene Kranz, *Failure Is Not an Option: Mission Control from Mercury to Apollo 13 and Beyond* (New York: Simon & Schuster, 2009), 197.

2. 指挥舱是搭载宇航员的太空舱。服务舱是太空舱正下方的圆柱形部分，内含推进系统、推进剂储存、发电系统以及一些食物和水。在本书中，我把这两个部分合在一起称为指挥服务舱。

3. Kranz, *Failure Is Not an Option*, 197.

4. Kranz, *Failure Is Not an Option*, 197.

5. Kranz, *Failure Is Not an Option*, 199.

6. Apollo 204 Review Board, "Report of the Apollo 204 Review Board," NASA History Office, last updated February 23, 2014, https://history.nasa.gov/Apollo204/

as204report.html.

7. 根据 NASA 对"阿波罗 1 号"事故及其后果的结论，有证据表明怀特一直试图打开舱门。"Summary: Apollo 1: The Fire," NASA History Office, accessed November 20, 2019, https://history.nasa.gov/SP-4029/Apollo_01a_Summary.htm。

8. Apollo 204 Review Board, "Report of the Apollo 204 Review Board."

9. Apollo 204 Review Board, "Report of the Apollo 204 Review Board."

10. 艾灵顿空军基地后来更名为约翰逊航天中心。

11. Bob Granath, "Theodore Freeman Honored in 50th Anniversary Memorial Ceremony," NASA, November 3, 2014, https://www.nasa.gov/content/theodore-freeman-honored-in-50th-anniversary-memorial-ceremony.

12. Michael Collins, *Carrying the Fire: An Astronaut's Journeys* (New York: Farrar, Straus, and Giroux, 2009), 271.

13. Apollo 204 Review Board, "Report of the Apollo 204 Review Board."

14. U.S. Senate Committee on Aeronautical and Space Sciences, "Apollo 204 Accident," January 30, 1968, NASA History Office, https://history.nasa.gov/as204_senate_956.pdf, 10.

15. U.S.Senate Committee on Aeronautical and Space Sciences, "Apollo 204 Accident," January 30, 1968, NASA History Office, https://history.nasa.gov/as204_senate_956.pdf, 10.

16. George Leopold, *Calculated Risk: The Supersonic Life and Times of Gus Grissom* (West Lafayette, IN: Purdue University Press, 2016), 198.

17. Kranz, *Failure Is Not an Option*, 203.

18. Kranz, *Failure Is Not an Option*, 203.

24 重　塑

1. Amy Shira-Teitel, "Vintage Space: What Happened to Apollos 2 and 3?" *Popular Science*, October 28, 2013, https://www.popsci.com/blog-network/vintage-space/what-happened-apollos-2-and-3#page-2.

2. 1987 年 7 月，我和丹·拉特尔、斯蒂芬·摩根、太平洋火箭协会的几名成员在内华达州的烟溪沙漠发射了一枚硝酸 / 糠醇火箭，飞行高度为 2 万英尺。

3. Orlando Bongat, "Rocket Park: Saturn V," NASA, last updated September 16,2011, https://www.nasa.gov/centers/johnson/rocketpark/saturn_v.html.

4. Anna Heiney, "The Crawlers," NASA, last updated June 20, 2018, https://www.nasa.gov/content/the-crawlers。半个多世纪后的今天，履带式运输车还在服役。

5. Craig Nelson, *Rocket Men: The Epic Story of the First Men on the Moon* (New York:Penguin Group, 2009), 1.

6. "Saturn V Moon Rocket: Historical Snapshot," Boeing Corporation, accessed March 31, 2019, https://www.boeing.com/history/products/saturn-v-moon-rocket.page.

7. W. David Woods, *How Apollo Flew to the Moon* (Chichester: Praxis Publishing,2008), 28.

8. 再过 16 年，美国才能将其首位女性宇航员萨莉·莱德送入太空。

9. Andrew Chaikin, *A Man on the Moon: The Voyages of the Apollo Astronauts* (New York: Penguin Group, 1995), 54.

10. Robert Kurson, *Rocket Men* (New York: Random House, 2018), 152.

11. Amy Shira-Teitel, "NASA's Gutsy First Launch of the Saturn V Moon Rocket," Space.com, November 15, 2012, https://www.space.com/18505-nasa-

moon-rocket-saturn-v-history.html.

12. Gene Kranz, *Failure Is Not an Option: Mission Control from Mercury to Apollo 13 and Beyond* (New York: Simon & Schuster, 2009), 209.

13. Kranz, *Failure Is Not an Option*, 210.

14. Bob Granath, "Apollo 4 Was First-Ever Launch from NASA's Kennedy Space Center," NASA, November 9, 2017, https://www.nasa.gov/feature/apollo-4-was-first-ever-launch-from-nasas-kennedy-space-center.

15. Granath, "Apollo 4."

16. 直到几年后，也就是航天飞机设计完成的时候，推进工程师才最终找到了一个永久的解决方案来处理"pogo 效应"。

17. Gemini Ⅻ, November 1966.

18. 是的，66% 的船员都叫沃尔特。

19. 具有讽刺意味的是，随着不久后北美航空公司和罗克韦尔合并为北美罗克韦尔公司，这种分歧得到了解决。

20. NASA, Apollo 7: Technical Air-To-Ground Voice Transcriptions, NASA, last updated October 24, 2008, https://history.nasa.gov/alsj/a410/AS07_TEC.PDF.

21. 就在"阿波罗 7 号"发射之前，席拉宣布将从 NASA 退休，从而有幸躲过一劫。

25　速度 33 马赫

1. Jeffrey Kluger, *Apollo 8: The Thrilling Story of the First Mission to the Moon* (New York: Henry Holt and Company, 2017), 165.

2. Kluger, *Apollo 8*, 169.

3. 截至本书撰写之时，除美国外，没有其他国家在地球轨道以外的地方实现过载人飞行。

4. Kluger, *Apollo 8*, 171.

5. Kluger, *Apollo 8*, 188.

6. Kluger, *Apollo 8*, 212.

7. NASA 的宇航员显然鄙视 "A-OK" 这个词。

8. Kluger, *Apollo 8*, 235.

9. Kluger, *Apollo 8*, 236.

10. Kluger, *Apollo 8*, 245.

11. Kluger, *Apollo 8*, 245.

26　和蔼的陌生人

1. James Donovan, *Shoot for the Moon: The Space Race and the Extraordinary Voyage of Apollo 11* (New York: Little, Brown, and Company, 2019), 278.

2. Donovan, *Shoot for the Moon*, 263.

3. Michael Collins, *Carrying the Fire: An Astronaut's Journeys* (New York: Farrar, Straus, and Giroux, 2009), 288.

4. Collins, *Carrying the Fire*, 288.

5. Collins, *Carrying the Fire*, 314.

27　最后的彩排

1. James Donovan, *Shoot for the Moon: The Space Race and the Extraordinary Voyage of Apollo 11* (New York: Little, Brown, and Company, 2019), 283.

2. 尽管施韦卡特的表现令人钦佩，但 "阿波罗 9 号" 仍将是他唯一的太空飞行项目。

3. NASA Content Administrator, "Apollo 9: Spider's First Mission," NASA, January 9, 2018, https://www.nasa.gov/mission_pages/apollo/missions/apollo9.html.

4. Denise Chow, "Mystery of Moon's Lumpy Gravity Explained," Space.com, May 30, 2013, https://www.space.com/21364-moon-gravity-mascons-mystery.html.

5. NASA Content Administrator, "Apollo 10," NASA, July 8, 2009, https://www.nasa.gov/mission_pages/apollo/missions/apollo10.html.

28　"如果"之战

1. Jason Catanzariti, "Flight Training for Apollo: An Interview with Astronaut Harrison Schmitt," *The Space Review*, December 10, 2012, http://www.thespacereview.com/article/2199/1.

2. 它有时也被称为"登月训练车"（Lunar Landing Training Vehicle，LLTV）。

3. Betsy Mason, "The Incredible Things NASA Did to Train Apollo Astronauts," *Wired*, July 20, 2011, https://www.wired.com/2011/07/moon-landing-gallery/.

4. Michael Collins, *Carrying the Fire: An Astronaut's* Journeys (New York: Farrar, Straus, and Giroux, 2009), 259.

5. Mason, "The Incredible Things NASA Did."

6. "Armstrong's Close Call," *Smithsonian Air & Space Magazine*, May 13, 2009, https://www.airspacemag.com/videos/armstrongs-close-call/.

7. 在已建成的五辆 LLRV 中，有三辆会在事故中被撞毁。

8. Collins, *Carrying the Fire*, 256.

9. Collins, *Carrying the Fire*, 328.

10. Collins, *Carrying the Fire*, 329.

11. Collins, *Carrying the Fire*, 329.

12. Gene Kranz, *Failure Is Not an Option: Mission Control from Mercury to Apollo 13 and Beyond* (New York: Simon & Schuster, 2009), 234.

13. Kranz, *Failure Is Not an Option*, 263.

29 "阿波罗 11 号"

1. Margy Bloom, "Pregnant Guppy: The Plane That Won the Space Race," *Pilotmag*,May/June 2010, https://issuu.com/pilotmag/docs/mayjune2010.

2. 沃纳已经成为世界名人，他和他的家人用假名进行了这次旅行。

3. Michael J.Neufeld, *Von Braun: Dreamer of Space, Engineer of War* (New York:Vintage Books, 2007), 430.

4. Neufeld, *Von Braun*, 433.

5. Gene Kranz, *Failure Is Not an Option: Mission Control from Mercury to Apollo 13 and Beyond* (New York: Simon & Schuster, 2009), 274.

6. Michael Collins, *Carrying the Fire: An Astronaut's Journeys* (New York: Farrar,Straus, and Giroux, 2009), 364.

7. Kranz, *Failure Is Not an Option*, 274.

8. Buzz Aldrin, with Ken Abraham, *Magnificent Desolation: The Long Journey Home from the Moon* (New York: Harmony Books, 2009), 7.

9. Collins, *Carrying the Fire*, 374.

10. Jeffrey Kluger, *Apollo 8: The Thrilling Story of the First Mission to the Moon* (New York: Henry Holt and Company, 2017), 207.

11. "Apollo Flight Journal: Day 4, Part 1, Entering Lunar Orbit," last updated February 10, 2017, NASA History Office, https://history.nasa.gov/afj/ap11fj/11day4-loi1.html.

12. Collins, *Carrying the Fire*, 391.

13. Kranz, *Failure Is Not an Option*, 277.

14. Kranz, *Failure Is Not an Option*, 277.

15. Neil Armstrong, Michael Collins, and Edwin E. Aldrin, *First on the Moon* (New York: Little, Brown, and Company, 1970), 349.

16. Collins, *Carrying the Fire*, 397.

17. 可笑的是，在失重的太空环境中，真的没有"颠倒"。

18. James Donovan, *Shoot for the Moon: The Space Race and the Extraordinary Voyage of Apollo 11* (New York: Little, Brown, and Company, 2019), 355.

19. Catherine Thimmesh, *Team Moon: How 400,000 People Landed Apollo 11 on the Moon* (New York: Houghton Mifflin, 2006), 148.

20. Kranz, *Failure Is Not an Option*, 288.

21. Armstrong, Collins, and Aldrin, *First on the Moon*, 288.

22. Kevin M. Rusnak, "Oral History of Robert L.Carlton," Johnson Space Center History Project, April 10, 2001, https://historycollection.jsc.nasa.gov/JSCHistoryPortal/history/oral_histories/CarltonRL/carltonrl.htm.

23. Thimmesh, *Team Moon*.167.

24. Kranz, *Failure Is Not an Option*, 291.

25. Aldrin, *Magnificent Desolation*, 19.

26. 登月舱在月球表面以 58 英尺／秒的速度飞行——大约 40 英里／小时。

27. Armstrong, Collins, and Aldrin, *First on the Moon*, 289.

28. Aldrin, *Magnificent Desolation*, 20.

29. Aldrin, *Magnificent Desolation*, 21.

30. Aldrin, *Magnificent Desolation*, 21.

31. 指下降发动机。

32. 十年后，"全民猜谜大挑战"将在一段时间内成为美国最受欢迎的棋盘游戏。我第一次玩这个游戏的时候，有人问我："在月球上说的第一个词是什么？"我回答了"着陆"（Contact）——奥尔德林着陆后立即说了"轻轻地着陆"（Contact light）。

33. "Mission Transcripts: Apollo 11," Johnson Space Center, July 16, 2010, https://historycollection.jsc.nasa.gov/JSCHistoryPortal/history/mission_trans/apollo11.htm.

34. Armstrong, Collins, and Aldrin, *First on the Moon*, 292.

35. Betsy Kuhn, *The Race for Space* (Minneapolis: Twenty-First Century Books, 2007), 79.

36. Collins, *Carrying the Fire*, 402.

37. Aldrin, *Magnificent Desolation*, 43.

38. Collins, *Carrying the Fire*, 401.

39. 这些事件在 2000 年由罗波·斯提齐执导的电影《不简单的任务》（*The Dish*）中被戏剧化了。我有机会在圣丹斯电影节上看了这部电影的美国首映式，强烈推荐这部电影。

40. John Sarkissian, "The Parkes Observatory's Support of the Apollo 11 Mission," Parkes Observatory, February 25, 2009, http://www.parkes.atnf.csiro.au/news_events/apollo11/.

41. Armstrong, Collins, and Aldrin, *First on the Moon*, 317.

42. Aldrin, *Magnificent Desolation*, 30.

43. Armstrong, Collins, and Aldrin, *First on the Moon*, 317.

44. Aldrin, *Magnificent Desolation*, 30.

45. Aldrin, *Magnificent Desolation*, 32.

46. 奥尔德林回到家后，他被告知阿姆斯特朗的妻子简在看着奥尔德林离开登月舱时，说了这样的话："如果他们把自己锁在外面，会不会是件大事？"Armstrong, Collins, and Aldrin, *First on the Moon*, 325。

47. Aldrin, *Magnificent Desolation*, 33.

48. Aldrin, *Magnificent Desolation*, 33.

49. Andrew Chaikin, *A Man on the Moon: The Voyages of the Apollo Astronauts* (New York: Penguin Group, 1995), 214.

50. 在撰写本书时，LLRR 还在继续工作。自那以后，人们建造了灵敏度更高的地面仪器，将测量精度提高到几英寸内。

51. Walter S. Kiefer, "Apollo 11 Mission, Science Experiments: Passive Seismic," Lunar Planetary Institute, accessed April 1, 2019, https://www.lpi.usra.edu/lunar/missions/apollo/apollo_11/experiments/pse/.

52. 阿波罗宇航员使用的哈塞尔布莱德相机没有取景器，因为头盔的面板使他们不能把眼睛对上取景器，所以宇航员们不得不将镜头对准目标并希望能拍到它。在接下来的几周里，NASA 将因为大多数带有宇航员的照片都是奥尔德林而受到批评。原因很简单：阿姆斯特朗的职责是这一任务的摄影师。

53. Aldrin, *Magnificent Desolation*, 44.

54. 在永远地离开登月舱之前，奥尔德林取下断路器，并将其留作永久的纪念品。

55. Aldrin, *Magnificent Desolation*, 47.

56. Aldrin, *Magnificent Desolation*, 51.

57. 此后不久，为了提高房地产的价值，这个小镇的一部分被重新命名，更名为"西山"（West Hills）。

58. 具有讽刺意味的是，事实证明接触过月球粒子的宇航员和其他人比我父母和科学界认为的更危险，尽管这种危险并非来自生物威胁。2005 年，NASA 宣布了一项新的发现：吸入月球尘埃可能会对人的健康造成毁灭性影响。现在人们知道，吸入月球尘埃可能会产生类似于矽肺的健康危害。参考 "Don't Breathe the Moondust," NASA Science Newsletter, April 22, 2005,

https://science.nasa.gov/science-news/science-at-nasa/2005/22apr_dontinhale。

30　先驱者的墓志铭

1. OSI 是美国司法部的一个部门，负责调查战争罪行，尤其针对第二次世界大战中的罪行。

2. Piers Bizony and Jamie Doran, *Starman: The Truth behind the Legend of Yuri Gagarin* (New York: Walker Books, May 1, 2011), 185.

3. Bizony and Doran, *Starman*, 187.

4. Bizony and Doran, *Starman*, 213.

5. Bizony and Doran, *Starman*, 213.

6. Bob Ward, *Dr. Space: The Life of Wernher von Braun* (Annapolis, MD: Naval Institute Press, 2005), 204.

图书在版编目（CIP）数据

火箭时代：人类登月的故事 /
（美）乔治·摩根（George D. Morgan）著；晋一宁，张硕译.
-- 北京：中国工人出版社，2021.8
书名原文：Rocket Age：the race to the moon and what it took to get there
ISBN 978-7-5008-7715-8

Ⅰ.①火… Ⅱ.①乔…②晋…③张… Ⅲ.①月球探索—普及读物 Ⅳ.①V1-49

中国版本图书馆CIP数据核字（2021）第161612号

著作权合同登记号： 图字01-2021-2134

Copyright © 2020 by George D. Morgan

Published by agreement with the Rowman & Littlefield Publishing Group through the
Chinese Connection Agency, a division of Beijing XinGuangCanLan ShuKan Distribution
Company Ltd., a.k.a Sino-Star.

火箭时代：人类登月的故事

出 版 人	王娇萍
责 任 编 辑	邢 璐
责 任 印 制	栾征宇
出 版 发 行	中国工人出版社
地 址	北京市东城区鼓楼外大街45号 邮编：100120
网 址	http://www.wp-china.com
电 话	（010）62005043（总编室） （010）62005039（印制管理中心）
	（010）62001780（万川文化项目组）
发 行 热 线	（010）82029051 62383056
经 销	各地书店
印 刷	北京盛通印刷股份有限公司
开 本	880毫米×1230毫米 1/32
印 张	10
字 数	200千字
版 次	2021年10月第1版 2024年12月第3次印刷
定 价	62.00元